SF 유니버스를 여행하는 과학 이야기

SF&판타지도서관 관장
전홍식 지음

SF 유니버스를 여행하는 과학 이야기

'쥬라기 월드' 공룡부터
'부산행' 좀비까지

상상은
현실이 될 수 있을까?

일러두기

외래어는 기본적으로 국립국어원 표기법을 따랐으나, 일부는 사회에서
통용되는 표기를 우선으로 했다.

SF 세계로
여행을 떠나볼까요?

SF는 재미있는 상상 이야기입니다. 그것도 '과학'을 바탕으로 상상한다는 점이 재미있죠. 하늘을 날면 좋겠다는 생각은 누구나 할 수 있습니다. 하지만 하늘을 날려면 어떻게 해야 할지 상상하는 건 쉽지 않죠. 새처럼 날개가 있으면 날 수 있을 거라고 생각할 수 있지만, 날아올랐을 때 어떤 일이 벌어지는지 상상하는 건 또 다른 문제입니다. 그리고 한 명이 아니라 세상 모든 사람이 하늘을 자유롭게 날게 되었을 때 일어날 일을 떠올리는 건 더욱 복잡하겠지요.

SF는 바로 그러한 상상을 끝없이 펼쳐내면서 만들어진 이야기입니다. 오래전 한 사람이 밀랍을 붙여 만든 날개로 하늘을 날 수 있다고 상상한 이래, 지금까지 무수한 과학적 상상이 탄생했고 우리를 즐겁게 만들어주었습니다. 나아가 우리를 새로운 시대로 끌어내고 도전하게 했죠.

신화에서 전설을 거쳐 설화로 발전한 상상 이야기는 소설과 연극을 지나 만화와 영화, 애니메이션으로 우리 눈앞에 펼쳐졌고, 게임을 통해 직접 체험하게 되었습니다. 그리고 상상은 또 다른 상상을 불러오고 더욱더 커지면서 우리의 삶을 만들어주었습니다.

누군가는 SF가 미래를 예언한다고 이야기합니다. 물론 SF 작가는 예언자가 아닙니다. 하지만 수천 년에 걸쳐 쌓아 올린 상상은 새로운 이야기를 만들어내고 미래를 그리는 힘이 됩니다. 이카로스의 이야기를 들은 누군가에 의해 날갯짓으로 달까지 날아가 지구를 바라보는 「이카로메니포스」라는 작품이 만들어졌고, 배를 타고 우주를 탐험하는 『솜니움』(요하네스 케플러)이 등장했으며, 로켓으로 달을 돌고 오는 『지구에서 달까지』(쥘 베른)가 탄생하게 됩니다. 그리고 그 상상에 빠져든 이들은 '그래! 우리도 달에 갈 수 있어!'라며 도전하여 목적을 달성하기에 이르죠.

상상이 또 다른 상상을 낳고, 그 상상의 이야기를 즐기는 가운데 그것은 우리의 미래가 되어갑니다. 그런 면에서 SF의 상상은 우리를 이끌어주는 하나의 이정표가 될 수 있습니다. 미래를 열어나가는 열쇠이자, 미래를 엿보게 하는 거울이며, 안 좋은 미래를 피하게 도와주는 경고등이 될 수도 있죠.

이 책에서는 SF의 다양한 소재 중에서 유전 공학을 시작으로 인공 지능, 네트워크에 이르기까지 우리 생활과 밀접한 과학적 상상 이야기를 총 다섯 장에 걸쳐 소개합니다. 각 장마다 친숙한 여러 SF 작품을 통해 독자 여러분이 이러한 주제를 편안하게 접하도록 했습니다. 이를 통해 미래의 가능성을 엿보거나 새로운 상상을 펼쳐낼지도 모릅니다. 상상은 더욱 크고 넓어져 거대한 SF 유니버스를 만들어내겠지요.

그뿐만 아니라 최신 과학 기술의 단편도 만나볼 수 있습니다. 가령 슈퍼 히어로로 유명한 '아이언맨'의 이야기를 통해 로봇 슈트(강화복)라고 불리는 기술이 슈퍼 히어로의 힘을 얻게 해줄 뿐만 아니라, 공사장의 인부에게도 유용하고 노인을 위한 의료 기기로도 효과가 있다는 점을 소개합니다. SF의 모든 것이 과학의 일부이며, 우리 삶과 깊이 관련되어 있다는 것이지요.

내용에 대해서 좀 더 알고 싶다면 각 장의 마지막에 수록한 칼럼을 봐주세요. 해당 소재에 관한 과학적인 설정과 역사, 현대 기술과 함께 관련된 여러 SF 작품을 소개하고 있으니까요. 나아가 책 말미에 수록한 '참고할 만한 작품 목록'에는 다양한 상상이 펼쳐지는 SF 작품들을 정리해놓았습니다. 이들 이야기를 통해 우리의 가능성을 엿보시길 권합니다. SF는 복잡하고 어려운 무언가가 아니라 '이랬으면 좋겠다'라는 인류의 바람이 상상과 결합해 만들어진 즐거운 이야기이니까요.

끝으로 이 책을 완성하는 데 도움을 주신 많은 분께 감사합니다. 특히 이 책에 소개된 이야기의 원전이 되는 「SF 속 진짜 과학」의 연재를 허락해주시고, 좀 더 좋은 글을 쓸 수 있게 조언해주신 〈소년중앙〉 기자분들, 원고가 늦어지는 가운데서도 순조롭게 완성할 수 있도록 격려해주신 요다출판사 편집부에 감사 인사를 전하고 싶습니다. 여러분이 아니었다면 제가 이런 상상 이야기를 엮어서 하나의 책으로 완성할 수 없었을 것입니다. 앞으로 또 다른 책이나 지면에서 만나기를 기대합니다.

SF&판타지도서관 관장

전홍식

이 책은 2016년부터 〈소년중앙〉에 연재한 「SF 속 진짜 과학」을 가필·수정해 출간했습니다. 해당 연재 글에는 지면의 한계 때문에 이 책에서 소개하지 못한 더 많은 이야기가 있습니다. 혹시라도 궁금하신 분은 〈소년중앙〉에서 제 이름을 검색해주세요(최근엔 판타지 이야기를 연재 중입니다).

차례

들어가는 글   5

1장

생명의 설계도, 유전자가 펼쳐내는 미래 세계

1. 유전 공학이 만들어내는 새로운 공룡 시대 쥬라기 월드   15

2. 유전자로 나뉘는 또 다른 계급 사회 가타카   23

3. 유전자 치료와 슈퍼 히어로의 탄생 스파이더맨: 뉴 유니버스   30

4. 진화가 불러온 인류 멸망 혹성탈출   38

5. 과학이 창조한 도플갱어 더 문   46

6. 영원한 수명의 딜레마 인 타임   56

    칼럼: 유전 공학이 만드는 미래의 가능성   64

2장

진화하는 인류, 우리 곁에 다가온 슈퍼 히어로

1. 의수는 우리 삶을 어떻게 바꿀까? 캡틴 아메리카: 시빌 워   79

2. 로봇 슈트가 만들어낸 슈퍼 히어로의 가능성 아이언맨   86

3. 거대 로봇이 바꾸는 미래의 삶 레스톨 특수구조대   92

4. 지상을 벗어나 하늘을 질주하는 영웅 캡틴 아메리카: 윈터 솔져   99

5. 투명 인간은 존재하는가? 광학 위장 기술의 가능성 공각기동대   106

6. 생각만으로 물체를 움직인다? 미지의 힘, 염력 염력   113

    칼럼: 슈퍼 히어로 연대기   120

3장

멸망하는 세계, 인류가 만든 재앙

1. 세상이 모래로 뒤덮이는 날 인터스텔라　　　143

2. 좀비가 넘쳐나는 여행길 부산행　　　150

3. 지구가 얼어붙는 날 투모로우　　　158

4. 핵미사일이 불러온 비극의 시작 그날 이후　　　164

5. 자가 격리와 제로 콘택트 시대 2032년　　　170

　칼럼: 재앙의 생명체, 인간?　　　175

　칼럼: 코로나19와 전염병의 역사　　　193

4장

인간이 창조한 지능, AI

1. 인공 두뇌, 자율 주행차가 펼쳐내는 영웅의 시대 전격 Z작전　　　211

2. 양자 컴퓨터가 야기하는 위험한 미래 트랜센던스　　　218

3. 로봇 친구와 함께 살아가는 즐거운 세계 월·E　　　227

4. 인류를 위협하는 인공 지능의 반란? 2001 스페이스 오디세이　　　234

5. 사이보그, 기계와 인간의 경계 AD 폴리스　　　241

6. 알고리즘 시스템이 모든 것을 결정하는 미래 세계 사이코패스　　　248

　칼럼: 인공 지능의 시대　　　257

5장

인간을 연결하는 네트워크

1. 네트워크가 보여주는 무한한 삶의 가능성 공각기동대   285

2. 안경 너머로 펼쳐지는 증강 현실 세계 진뇌 코일   296

3. 감시 기술이 제공하는 두 가지 삶 이글 아이   305

4. 가상 현실 너머의 새로운 만남 레디 플레이어 원   313

   칼럼: 네트워크로 확장되는 인간의 가능성   321

   부록: 참고할 만한 작품 목록   339

1장

생명의 설계도, 유전자가 펼쳐내는 미래 세계

유전자gene는 인간을 포함한 모든 생명체의 바탕을 이룬다. 컴퓨터가 프로그램으로 작동하듯 우리 몸은 유전자에 의해서 만들어지고 기능하며, 때론 고장이 나거나 멈춘다. 유전자가 발견된 것은 70여 년도 채 되지 않았지만, 유전자와 관련한 과학은 그 무엇보다도 빠르게 대중화되고 실용화됐으며 우리 삶에 영향을 주었다. 소설, 영화, 만화 등에서 대중적으로 인기 있는 소재로 자리 잡았으며 특히 SF 작품에서 매우 다양하게 활용된다.

1 유전 공학이 만들어내는
새로운 공룡 시대

〈쥬라기 월드〉

"지금 여러분은 놀라운 세계로 들어섭니다. 빌딩보다 커다란 브론토사우루스와 세 개의 뿔을 자랑하는 트리케라톱스, 그리고 무시무시한 티라노사우루스까지 온갖 공룡들이 여러분을 맞이하며 수천만 년 전의 공룡 시대 모습을 보여줄 것입니다. 쥬라기 월드에 오신 걸 환영합니다."

  〈쥬라기 월드〉는 공룡들이 살아 숨 쉬는 놀이동산을 무대로 펼쳐지는 이야기다. 남쪽 바다의 작은 섬 쥬라기 월드에서 사람들은 공룡과 함께 다양한 모험을 만끽한다. 공룡을 보고 먹이를 주고 심지어는 타고 놀 수도 있다. 투명한 공 모양 자동차를 타고 들판 위를 한적하게 노니는 공룡들 사이를 자유롭게 질주하거나 거대한 공중 터널 아래로 그들을 내려다봐도 재미있을 것이다. 홀로그램으로 공룡의 신체 내부를 살펴볼 수 있는 훌륭한 박물관과 편안히 쉴 수 있는 안락한 숙소, 식당, 온갖 공룡 상품이 가득한 가게들이 마련되어 있는 곳. 그야말로 공룡 세계라 할 수 있는 최고의 테마 공원이다.

공룡은 6,500만 년 전에 사라졌다. 거대한 운석이 지구와 충돌했고 거의 모든 공룡이 멸종했다. 공룡의 후손으로서 조류가 살아남았다고는 하지만, 적어도 집채만 한 것들은 완전히 사라져버렸다. 그런데 대체 쥬라기 월드에선 어떻게 공룡들을 볼 수 있는 것일까?

이 모든 것은 유전자라는 아주 작은 존재로부터 시작됐다. 유전자는 우리 몸의 설계도다. 커다란 비행기나 건물을 만들 때 설계도가 필요하듯 우리 몸도 유전자를 바탕으로 만들어진다. 유전자에는 우리 몸의 모든 정보가 들어 있다. 몸이나 얼굴 생김새, 혈액형과

머리카락 색깔, 심지어 자고 일어나는 생활 리듬 정보도 들어 있다. 유전자를 조금만 바꿔도 우리 몸은 완전히 달라진다. 예를 들어 원숭이와 인간의 유전자는 고작 3퍼센트밖에 다르지 않다고 한다.

　　유전자가 있다면 이를 바탕으로 생명체를 만들어 낼 수 있다. 〈쥐라기 월드〉에서 과학자들은 고대 공룡의 유전자를 찾아내어 그들을 부활시켰다. 그런데 오래전에 멸종한 공룡 유전자를 어떻게 찾아냈을까? 화석에서? 아쉽지만 화석은 공룡의 뼈가 돌처럼 변한 것이라서 유전자가 전혀 남아 있지 않다. 냉동된 상태로 발견된다면 모르겠지만, 화석에서 우리가 생체 조직을 찾아내거나 유전자를 얻을 수는 없다.

　　과학자들은 호박이라는 보석에서 희망을 찾아냈다. 호박은 송진 같은 나무의 진액이 단단하게 굳어져서 생기는 보석으로, 이따금 그 안에서 모기 등의 곤충이 발견된다. 공기가 통하지 않는 상태에서 썩지도 않았기에 거의 원형 그대로의 모습으로 말이다(최근에는 벌새보다 작은 공룡 머리가 발견되기도 했다).

　　호박 안에 공룡 시대에 살던 모기가 있다면 그 몸 안에서 공룡의 피를 추출할 수 있고, 거기에서 유전자를 얻을 수 있다. 그리고 그 유전자를 세포 안에 넣어서 늘려나감으로써 생명체를 만들 수 있다. 우리가 어머니와 아버지의 몸에서 나온 한 쌍의 유전자에서 출발해 성장했듯이 유전자로 공룡을 만드는 것이다.

하지만 세월이 흐르면 만물이 바래고 썩어가듯이 호박 속 모기 안에 있는 공룡 피도 완전하지는 않다. 공기가 통하지 않는 상태였더라도 수천만 년의 시간이 흐르는 동안 유전자라는 설계도가 여기저기 부서져서 엉망이 되기 때문이다. 유전자는 컴퓨터 프로그램과 같아서 어딘가가 잘못되거나 요소가 빠지면 제대로 작동하지 않는다. 마치 부품이 녹슬어 망가진 장난감처럼. 그렇다면 부품을 바꿔주어야 한다. 가능한 한 원래와 비슷한 부품이 필요할 것이다. 마찬가지로 망가진 유전자도 원본과 비교해 빈자리를 채우고 잘못된 것은 고쳐야 한다. 그런데 공룡 유전자의 원본이 없는데 어떻게 고칠 수 있을까?

〈쥐라기 월드〉의 과학자들은 공룡과 친척인 동물 유전자에서 그 해답을 찾았다. 새와 도마뱀, 개구리에서 말이다. 인간과 원숭이의 유전자가 비슷하듯이 이 동물들과 공룡 유전자도 비슷하기에 빠진 부분을 메울 때 사용 가능하다. 완벽하게 똑같지는 않더라도 어느 정도 비슷하다면 최소한 작동은 할 수 있다.

그렇게 쥬라기 월드의 공룡은 탄생했다. 작은 모기에서 얻은 유전자로 빌딩보다 커다란 공룡이 태어났다. 공룡을 눈앞에서 보고, 만질 수 있는 것은 너무도 신기한 경험이다. 화석조차 놀라운데 살아 움직이는 공룡은 더욱 멋지지 않을까? 하지만 사람들은 항상 새로운 것을 바란다. 처음에는 존재만으로도 흥미로웠던 공룡들에 어느새 싫증 나고 만다. 그래서 쥬라기 월드의 과학자들은 계속해서 새로운 공룡을 준비한다. 급기야 부활시킨 공룡의 유전자에 다른 유전자를 더해 과거에는 존재하지 않았던 공룡, 인도미누스 렉스를 만들어낸다. 티라노사우루스보다 크고 사납고, 랩터처럼 똑똑하며, 심지어 오징어처럼 보호색까지 갖춰 숨을 수 있는 괴물이다. 그 결과, 공원의 평화는 깨지고 만다. 공룡들이 풀려나 인간을 습격하고, 서로 싸우면서 공원을 부순다. 유전 공학이 우리를 위협하는 순간이다.

　　유전 공학은 놀라운 가능성을 갖고 있다. 서로 다른 생물의 유전자를 조합하거나 수정함으로써 우리는 귀한 물질을 얻고 더욱더 질병에 강하고 열매가 많이 열리는 식물을 만든다. 유전자라는 개념을 알지 못했을 때부터 인간은 자신들의 취향에 맞는 생명체를 만들어왔다. 그 결과 더 크고 빨리 달리는 말이나 우유가 더 잘 나오는 소가 탄생했다. 가까운 미래에는 이러한 생물이 더욱 다양해질 것이다. 수많은 유전병을 치료하고 머리카락 색깔이나 키 같은 신체 조건을 자유롭게 바꾸게 될 것이다.

현대 과학 기술로는 아직 영화처럼 공룡을 부활시킬 수는 없다. 공기가 통하지 않는 호박 속에 있더라도 유전자는 손상되기 때문이다. 하지만 훗날 유전자에 대해 더 많이 알게 된다면 정말로 공룡이 부활할지도 모른다. 멸종한 지 얼마 안 되어서 유전자가 남아 있는 동물이라면, 가령 냉동 상태로 발견된 매머드라면 가까운 미래에 동물원에 나타날 수도 있다. 유전 공학을 이해하고 가까이할 때 우리 삶은 더욱 풍요롭고 행복하게 변화할 것이다.

하지만 모든 기술이 그렇듯 유전 공학도 우리의 꿈을 망가뜨려 슬프거나 불행하게 만들 수 있다. 멋진 꿈의 낙원 쥬라기 월드가 더 많은 돈을 벌고자 하는 욕심으로부터 탄생한 유전자 괴물에 의해서 파괴된 것처럼 유전 공학 기술로 만들어낸 어떤 생명체가 우리 예상과 다른 결과를 낳아 세계를 파괴할지도 모른다. 가령 바다에 퍼진 쓰레기를 분해하기 위해 만든 미생물이나 돌연변이 세균 때문에 인류가 멸망할 가능성도 있다.

　　유전 공학은 우리 삶을 더욱 풍요롭게 만들어주는 연금술이다. 하지만 꿈을 넘어 욕심을 부린다면 우리를 슬프고 불행하게 만들지도 모른다. 천국과 지옥이 공존하는 유전 공학의 미래는 바로 우리 손에 달렸다.

1장
생명의 설계도, 유전자가 펼쳐내는 미래 세계

과학 스릴러 작가 마이클 크라이튼의 소설을 원작으로 한 영화 시리즈다. '쥬라기 공원' 시리즈가 세 편, '쥬라기 월드'는 2편까지 나왔고 3편을 제작 중이다.

컴퓨터 그래픽으로 공룡을 재현해 사람들을 매혹한 영화 <쥬라기 공원>은 이제까지 괴물로만 등장했던 공룡이 동물로서 살아가는 모습을 보여주면서 더욱 흥미를 불러일으켰고, 고생물학과 유전 공학에 관한 관심을 높였다. 벨로시랩터나 스피노사우루스처럼 잘 알려지지 않은 공룡을 대중에게 널리 알리는 데도 이바지한 작품이다.

다만 일부 공룡이 실제와 달라서 오해를 낳기도 했다. 가령 실제 벨로시랩터(벨로키랍토르)는 사람보다 훨씬 작고 좀 더 새처럼 생겼는데, 영화에선 사람보다 몇 배나 크게 등장한다. 이는 소설 집필 당시 고생물학 지식에 바탕을 두었고, 쥬라기 공원에 사는 공룡들이 유전자 조작으로 태어난 돌연변이이기 때문이기도 하다.

마이클 크라이튼은 과학 기술의 발전이 인류에게 새로운 가능성과 함께 위험을 안겨줄 수 있다는 메시지를 담은 이야기를 자주 만들었다. 영화감독으로서 '놀이공원 로봇이 어떤 문제로 오작동해서 사람들을 살해한다'는 내용의 영화 <이색지대>를 만들기도 했다.

마이클 크라이튼은 기술의 위험성과 함께 한번 일어난 변화는 쉽게 없앨 수 없다는 점을 강조한다. 소설 『쥬라기 공원』에선 공원에서 몰래 빠져나간 공룡이 바깥에서 살아남은 모습을 보여주는데, 이 내용은 <쥬라기 월드 2>에서 공룡들이 세상 밖으로 풀려나서 돌아다니는 장면으로 연출됐다.

2 유전자로 나뉘는
또 다른 계급 사회

〈가타카〉

우주 항공 회사에 다니는 제롬 모로우는 뛰어난 능력자로서 우주 탐사 임무를 나갈 예정이었다. 하지만 출발을 얼마 앞두고 감독관이 살해되면서 그의 앞날은 어두워진다. 사실 그는 제롬이 아니라 빈센트라는 이름의 다른 사람이었기 때문이다.

이 세계에선 아이가 태어나면 즉시 유전자 판정을 통해 적성을 검사한다. 유전자를 분석해 얼마나 능력이 뛰어나고 어떤 일에 적합한지, 나아가 성격만이 아니라 언제쯤 어떤 병에 걸리고 수명이 얼마나 될지를 파악할 수 있다. 이를 통해 회사는 원하는 직원을 뽑을 수 있으며, 사람들은 자기가 만난 누군가의 유전자를 조사해 자신과 그가 맞는지를 확인한다. 그뿐만 아니라 조금이라도 뛰어난 성적을 얻고자 태어날 아이의 유전자를 조작한다. 조금이라도 뛰어난 유전자를 사용하고, 때로는 다른 사람의 좋은 유전자를 모아서 아이를 낳는다.

주인공 제롬(빈센트)은 유전자 조작 없이 자연 임신으로 태어났다. 그래서 일찍이 근시가 될 뿐만 아니라 심장도 약하고 질병에 걸리기 쉽다는 판정을 받는다. 우주 항공 회사 직원으로서는 적합하지 않은 것이다. 우주로 가고 싶다는 희망을 버리지 않았던 그는 제롬이라는 사람의 도움을 받아 신분을 바꿔 회사에 취직하고, 열심히 노력해 우주 탐사 자격을 얻는다. 하지만 살인 사건이 발생하고 조사가 시작되면서 주인공은 위기에 몰린다. 자칫하면 신분이 드러나고 살인 누명을 쓰게 됐다. 과연 주인공은 위기를 떨쳐내고 우주로 향할 수 있을까?

〈가타카〉는 유전자로 사람을 판단하는 사회를 그려낸 영화다. 우리 몸의 설계도와 같은 유전자를 조사해 사람의 여러 능력을 파악한다. 영화 속 세계에서도 차별은 불법이지만 사람들은 별로 신경 쓰지 않는다. 회사는 노골적으로 유전자를 고용 기준으로 내세우며, 사람들은 결혼 전 유전자 검사를 통해 상대방에게 문제가 있는지를 파악한다. 이 세계에선 타인의 유전자도 허락 없이 검사할 수 있기 때문이다.

　이런 세계에서 근시인 데다 수명도 얼마 되지 않는다고 판정을 받은 주인공을 우주 항공 회사에서 고용할 가능성은 없다. 그렇기 때문에 다른 사람의 유전자 정보를 이용해서 신분을 감추었다. 이 회사에선 출근할 때마다 피를 뽑아서 유전자를 검사하는데 주인공은 미리 준비한 제롬의 피를 이용해서 이를 처리하며, 매일 사용하는 물건에도 그 사람의 피부 조직이나 머리카락 같은 유전자 정보를 뿌려둔다. 자기의 머리카락 하나도 떨어뜨리지 않게 조심하면서.

　미국 항공우주국NASA에서 뽑은 가장 과학적인 영화로 알려진 〈가타카〉의 상황은 상당히 과장된 것처럼 보이지만 불가능한 일은 아니다. 지금도 사회에선 '스펙'이라는 온갖 조건으로 사람을 재단하고 평가하는데, 유전자가 그 기준이 되는 것은 그럴듯한 일이다.

　유전자는 사람의 재능에 큰 영향을 미친다고 한

다. 운동 능력이나 건강은 말할 것도 없고, 몇 년 전에는 수학적 재능에 유전자가 미치는 영향이 3분의 2나 된다는 말이 나오기도 했다. 타당한 주장인지 확인하려면 더 많은 연구가 필요하겠지만, 만약 그 이야기가 사실이라면 열심히 노력하는 사람보다 유전자가 좋은 사람이 훨씬 뛰어난 결과를 얻는 만큼, 재능이 없는 사람은 노력해봐야 소용없다는 말이 될 것이다. 건강도 마찬가지다. 정신적인 요인이 크다고 여겨진 일부 질병조차도 유전자의 영향을 받는다는 연구 결과가 나왔다. '태어나면서부터 운명이 정해지고 노력은 의미가 없다'는 생각. 〈가타카〉의 세계는 바로 이 같은 발상에서 나왔다. 그리고 나날이 발전하는 유전 공학이 이러한 세계를 그럴듯하게 느끼게 한다.

그런데 정말로 유전자에 의해 모든 운명이 결정될까? 유전자가 우리 삶에 영향을 미치는 것은 부정할 수 없다. 하지만 유전자가 우리 삶을 100퍼센트 결정한다고는 그 누구도 이야기하지 않는다. 이를테면 수학적 재능의 3분의 2가 유전자 때문이라고 해도 나머지 3분의 1을 무시할 수는 없다. 건강과 관련해서도 가장 큰 영향을 주는 것은 평소 생활 습관이다.

실제로 많은 연구 결과가 성공한 사람과 그렇지

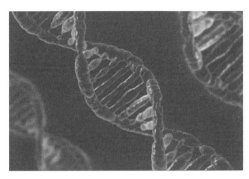
│ 유전자의 모습. 이 작은 세계를 구분할 때 차별이 생겨난다.

못한 사람이 열정과 끈기에서 차이를 보인다고 이야
기한다. 유전적으로 뒤처진 주인공이 끈질긴 노력 끝
에 자신보다 뛰어난 신체 조건을 가진 동생과의 수영
대결에서 승리하고 우주로 향한 것처럼 노력은 절대
로 무시할 수 없다.

대다수 동물보다 신체 조건이 열등한 인간이 만
물의 영장이 될 수 있었던 이유는 우리에게 문화라는
힘이 존재하기 때문이다. 무거운 물건을 나를 수 있는
바퀴와 따뜻하게 지낼 수 있는 불을 만들고, 나아가 온
갖 과학 기술을 통해 지금의 삶을 이룩했다.

계산 재능이 떨어진다고 해서 포기할 필요는 없
다. 우리에게는 계산기라는 물건이 있다. 최악의 경우

에는 다른 사람에게 계산을 부탁할 수도 있다. 문화적
이고 사회적인 동물로서 인간은 무한한 가능성을 갖
고 있다. 그것을 아직 완전하게 밝혀지지도 않은 유전
자만으로 결정하고 제한하는 건 너무 낭비가 아닐까?

〈트루먼 쇼〉의 각본을 쓰고, 영화 〈인 타임〉을 감독한 앤드류 니콜의 데뷔작 〈가타카〉는 유전자 판정이 모든 것을 지배하는 미래 세계를 그려낸 작품이다. 흥행에는 성공하지 못했지만, 이후 좋은 평가를 받으며 SF 명작 중 하나로 알려졌다. 과학 기술 뉴스를 다루는 웹사이트 Wired.com에서 〈블레이드 러너〉에 이어 최고의 SF 영화 2위로, 나사(NASA)에서 가장 현실적인 SF 영화 1위로 뽑기도 했다.

영화에선 유전자로 수명과 재능을 판정해 우수한 사람만을 우대하고, 처음부터 유전자 조작으로 아이를 낳는 것이 현실이 된 사회가 그려진다. 법적으로 차별은 금지되어 있지만, 어떻게든 유전자라는 스펙을 기준으로 사람을 뽑으려는 모습을 볼 수 있다. 또한 사람들은 남의 유전자를 검사하는데, 다른 사람과 입을 맞춘 후 자기 입술에 묻은 유전자를 조사하는 장면이 인상적이다.

〈가타카〉라는 제목은 유전자 구성 요소인 구아닌(G), 시토닌(C), 아데닌(A), 티민(T)의 첫 글자를 조합해 만든 것으로 유전자가 지배하는 세계관과 잘 어울린다.

유전자 치료와
슈퍼 히어로의 탄생

‹스파이더맨: 뉴 유니버스›

©소니픽처스

뛰어난 지능에 부모의 기대를 받고 있지만, 평범한 삶을 바라며 시험에서 일부러 0점을 맞는 등 반항하는 소년 마일스 모랄레스. 어느 날 거미에 물린 이후 그에게 이상한 일이 벌어진다. 손에 끈끈이가 생겨 남의 머리카락에 붙어버리는가 하면 천장에 달라붙어서 떨어지지 않는다. 거미 같은 능력이 생긴 것이다. 새로운 스파이더맨으로서 악당에 맞서게 된 모랄레스. 그는 과연 세계를 구할 수 있을까?

〈스파이더맨: 뉴 유니버스〉는 새로운 스파이더맨에 관한 이야기를 그려낸 애니메이션으로 평행 우주 원리에 따라서 여러 세계의 다양한 스파이더맨이 한자리에 모여 활약하는 흥미로운 작품이다.

　　각 세계의 스파이더맨은 제각기 다른 모습을 하고 있지만, 한 가지 공통점이 있다. 바로 방사능 실험 중인 특별한 거미(또는 돼지)에게 물려서 특수한 능력을 얻게 됐다는 것이다. 그들은 거미처럼 벽을 타고 지붕에 매달리는가 하면 보지도 않고 위험을 감지하며 초인적인 완력으로 적과 맞선다. 그리고 자신의 얼굴을 가리고 스파이더맨으로서 세상을 위해 활약한다.

　　정말로 거미에 물리면 이처럼 변할 수 있을까? 결론부터 말하자면 불가능한 일은 아니다. 벽을 타거나 초인적인 힘을 발휘하는 것은 어려울지 몰라도 어떤 형태로든 변화할 수 있다. 우리 몸이 유전자로 이루어져 있으며, 그것에 의해서 몸의 기능이나 모양 등이 결정되기 때문이다(최근 연구에서는 유전자 외에도 아직 드러나지 않은 다른 요소가 우리 몸에 작용할 가능성이 제기되었다).

　　어느 날 갑자기 유전자가 바뀐다면 우리 몸에는

변화가 생길 것이다. 가령 곱슬머리로 변하거나 없던 알레르기가 생겨나거나 더 튼튼한 몸을 가질지도 모른다. 물론 이 같은 변화가 하루아침에 일어나지는 않는다. 우리 몸의 세포는 유전자가 달라진다고 해서 갑자기 바뀌지 않는다. 하지만 시간이 지날수록 그 변화는 조금씩 눈에 띄게 되고 어느새 모습이 완전히 달라질지도 모른다. 이 같은 변화는 어릴수록 급격하게 일어난다. 젊을수록 세포의 생성이나 교환이 활발하며 회복력도 높으니 마일스처럼 성장기 청소년이라면 당연히 어른보다 훨씬 빠르게 바뀔 것이다.

유전자는 수많은 단백질로 구성되어 있으며 조금만 달라져도 완전히 다른 존재가 될 수 있다. 가령 인간과 원숭이 유전자는 3퍼센트밖에 차이가 안 난다고 하는데(사실은 엄청나게 많은 양이다) 그 유전자가 바뀐다면 원숭이가 인간이 되고, 인간이 원숭이가 될지도 모른다. 애니메이션 〈카우보이 비밥〉에서처럼 인간의 유전자를 원숭이 유전자로 바꾸는 세균 병기를 이용한 테러 공격이 벌어질 수도 있다.

그런데 유전자는 어떻게 바꿀 수 있을까? 우선 방사능이나 약품을 이용해 변형하는 방법이 있다. 방사능은 강력한 에너지를 가지고 있는데 그 에너지에 의해서 유전자가 돌연변이를 일으킬 수 있다. 방사능의 에너지로 유전자가 지나치게 변질되면 세포도 제대로 작동하지 않는다. 그로 인해 암에 걸리거나 바로 사망하기도 한다. 다만 방사능이나 약품으로는 유전자를 원하는 대로 바꾸기 어렵다. 어떤 변화가 일어날지가 명확하지 않기 때문이다. 돌연변이로 진화가 일어난다고 해서 반드시 좋은 변화가 생기리란 법은 없다. 고지라나 헐크가 나올 수도 있지만 암에 걸릴 가능성이 더 크다.

유전적으로 문제가 있는 병이라도 단순히 유전자를 변화시킨다고 해서 치료되는 것은 아니다. 이를 위해서는 문제가 있는 유전자를 찾아내어 바꿀 수 있어야 한다. 여기서 '바이러스를 이용한 유전자 치료 기술'이 등장한다.

바이러스는 생물과 무생물의 중간에 있는 유기체다. 이들은 살아 있는 유기체의 세포에 기생하여 그 안에서만 활동하며 분열하고 증식한다. 바이러스는 본체 안에 DNA나 RNA 같은 유전 정보를 갖고 있으면서 다른 세포에 감염한 후에 이 정보를 삽입해서 자신을 복제하도록 지시한다. 말하자면 세포의 기생충 같은 존재라고 볼 수 있다.

바이러스가 다른 세포에 유전자를 집어넣어서 변형하는 원리를 이용하면 유전자를 원하는 위치에 끼워 넣거나 바꿀 수 있다. 바이러스는 세포 안에서 증식해 다른 세포에 침투하기 때문에 모든 세포의 유전자가 변형된다. 이를 통해서 문제가 있는 유전자를 교체해 유전적인 질병을 치료할 수 있다.

　　유전자 치료를 이용하면 스파이더맨이 탄생하는 것도 꿈만은 아니다. 모기에 물리면서 뇌염 바이러스에 감염되듯이 거미의 몸에 '거미화 바이러스'가 있다면 그것이 인간의 세포에 들어와서 유전자가 점차 변화하는 일도 가능한 것이다.

　　물론 이로 인해 발생할 문제는 적지 않다. 바이러스를 이용한 유전자 치료 과정에서 인체 면역으로 인해 거부 반응이 일어나기 쉽고, 특정한 유전자를 지정해서 교체하는 것도 쉽지 않다. 나아가 바이러스에 의해 변이된 유전자는 후손에게도 전해질 수 있다. 다시 말해 스파이더맨의 후손은 몽땅 거미 인간이 될 수 있다. 그 과정에서 좋은 유전자만 전달된다는 법이 없으니 어떤 심각한 문제가 생길지도 모른다. 가령 아기가 태어났는데 거미처럼 털이 잔뜩 나거나 팔이 여섯 개이거나 하면 조금 불편하지 않을까?(만화에선 팔이 여섯 개 달린 '맨 스파이더'라는 적이 등장한다).

'스파이더맨' 시리즈 중 하나인 영화 〈어메이징 스파이더맨〉에서는 한쪽 팔이 없는 과학자가 도마뱀 유전자 중 일부를 가져온다. 꼬리가 다시 자라나는 도마뱀처럼 팔을 재생하려고 한 것이다(사실 도마뱀의 꼬리가 재생되어도 꼬리뼈는 다시 생기지 않기 때문에 팔을 완벽하게 되살릴 수는 없다. 팔 모양으로 재생되더라도 고무처럼 흐느적거릴 것이다). 그는 단지 신체가 재생되는 유전자만을 가져오려고 했지만, 점차 거대한 도마뱀처럼 변해가고 성격도 뒤틀어지면서 악당 리저드가 탄생한다.

'스파이더맨' 시리즈에는 그 밖에도 유전자 문제로 탄생한 악당이 많이 등장하는데, 유전자 개조가 우리 생각보다 훨씬 복잡하고 예기치 못한 결과를 낳을 수 있다는 것을 잘 보여준다. 모든 기술에는 장점과 단점, 안전과 위험이 공존하는 법이다. 바이러스를 이용한 유전자 치료 과정에서 바이러스가 변할 수 있다는 점도 기억해야 한다. 한순간에 사람을 해치는 위험한 바이러스로 바뀌어서 인류를 멸망으로 몰아갈지도 모른다.

유전자 개조와 유전자 치료는 시도할 만한 가치

1장
생명의 설계도, 유전자가 펼쳐내는 미래 세계

가 있다. 이를 통해서 정말로 슈퍼 히어로가 탄생하거
나 인류가 진화한다는 보장은 없다. 하지만 전 세계 수
많은 유전병 환자의 고통을 덜어주는 것만으로도 충
분히 '슈퍼 영웅' 같은 일을 한 게 아닐까?

소니픽처스에서 만든 '스파이더맨' 시리즈의 애니메이션. 스파이더맨 중에서도 인기 있는 마일스 모랄레스를 중심으로 여러 세계의 스파이더맨이 함께 등장해 재미를 더한 작품이다. 3D 그래픽으로 그래픽 노블의 느낌을 잘 살려서 화제를 모았다. 만화책을 보는 듯한 연출은 기존에 없었던 새로운 스타일로 눈길을 끈다.

스파이더맨은 스탠 리의 기획으로 만들어진 캐릭터로 방사선 실험 중이던 거미의 유전자가 합쳐져 특수한 능력을 발휘하는 초인이다. 과학 실험 도중 일어난 사고로 탄생했다는 점에서 헐크와 비슷하지만, 변신하지 않고도 초능력을 발휘한다는 점에서 차이가 있다.

스파이더맨은 몸에서 끈끈한 물질을 생성해 벽이나 천장에 달라붙을 수 있으며, 강력한 힘과 튼튼한 육체를 갖고 있다. 스파이더 센스라는 독특한 감각을 발동해 등 뒤에서 다가오는 적도 포착한다. 게다가 마일스는 투명 인간이 되거나(옷도 바뀌는 것을 보면 몸을 투명하게 만드는 게 아니라 몸 주변에 빛을 굴절시키는 전자장을 만드는 느낌이다) 전기 공격도 할 수 있다. 또한 스파이더맨 중에는 몸에서 직접 거미줄을 뿜어내는 캐릭터도 있지만, 마블 영화나 이 작품의 스파이더맨은 특수하게 만든 장비를 이용해서 거미줄을 발사한다.

스파이더맨의 여러 능력은 과학적으로 타당하지 않은 부분이 많지만 "큰 힘에는 큰 책임이 따른다(With great power comes great responsibility)"라는 말로 특별한 힘을 가진 사람의 마음 자세를 표현했다. 나아가 고등학생도 고민이 있고 세상을 위해 활동할 수 있다는 것을 보여주는 매력적인 작품이다.

4 진화가 불러온
인류 멸망

〈혹성탈출〉

우주 탐사를 위해 떠난 우주선이 오랜 여정을 거쳐 한 행성에 도착했다. 지구를 매우 닮은 그 행성에 불시착한 승무원들은 장비와 동료를 대부분 잃고 떠돌던 중 기묘한 광경을 목격한다. 원숭이를 닮은 외계인이 인간을 닮은 외계인을 노예로 부리고 있었다.

외계인 과학자에게 사로잡힌 주인공은 우여곡절 끝에 그 과학자의 도움을 받아 인간 여성과 함께 탈출한다. 새로운 희망이 시작된 순간이었지만, 오래지 않아 주인공은 비명을 지르며 주저앉고 만다. "이 미친놈들. 너희가 다 망쳤어! 젠장. 다 지옥에 떨어져버려!" 주인공을 절망에 빠뜨린 것은 해변에서 발견한 하나의 조각상, 바로 자유의 여신상이었다. 이제껏 원숭이의 행성이라고 믿었던 그 별은 지구의 미래 모습이었다.

1968년에 나온 〈혹성탈출〉은 인류의 미래를 그린 이야기다. 프랑스 작가 피에르 불의 소설을 원작으로 한 이 영화는 원숭이들의 실감 나는 연기와 함께 마지막 반전이 오래도록 기억되면서 수많은 속편과 리메이크 작품을 낳았다. 총 네 개의 속편에 이어서 2001년에는 팀 버튼 감독의 리메이크작이 나왔고, 근래에 새로운 시리즈로 다시 만들어졌다.

2011년에 만들어진 〈혹성탈출: 진화의 시작〉을 시작으로 한 새로운 시리즈는 기존 작품과는 다른 방법으로 인류의 몰락과 유인원의 지배 과정을 보여주었다. 이전 영화에선 유인원이 갑자기 진화해서 똑똑해지고, 인간들이 그들을 노예로 부리다가 반란이 일어나서 주인과 노예가 바뀌게 된다. 하지만 이것은 조금 이상한 일이다. 진화론을 이야기할 때 사람들은 유인원이 진화해서 사람이 됐다고 말하곤 한다. 특히 침팬지와 인간의 유전자가 불과 몇 퍼센트밖에 차이가 안 난다는 점에서 이런 말이 그럴듯하게 들릴지도 모른다. 하지만 이는 '진화'라는 말을 잘못 이해해서 일어나는 착오에 불과하다.

'진화론'이라는 말을 들으면 '생명체가 더 뛰어난 존재로 발전하는 것'을 이야기한다고 생각하기 쉽지만, 이는 정확한 의미라고 볼 수 없다. 실제로 찰스 다윈이 쓴 책의 제목은 '진화론'이 아니라 '자연 선택에 의한 종의 기원'으로, 하나의 종이 '더 나은 존재'로 발전하는 것이 아니라, 새로운 종이 나뉘는 과정을 소개한다.

진화, 더 정확히 말하면 종의 분화는 유전자 변화로 생겨난다. 기린을 생각해보자. 기린의 조상은 목이 짧았는데 어느 날 유전자가 변형되어 목이 조금 더 긴 자식이 태어났다. 그 자손은 높은 곳에 있는 먹이를 먹기가 더 쉬웠고 자식을 더 많이 낳을 수 있었다. 그 결과, 목이 긴 자손이 더욱 번성하게 된다.

하지만 목이 짧은 자손이 무조건 나쁜 것도 아니다. 목이 짧은 자손은 땅의 풀을 뜯어 먹기 쉬운 만큼 평야에선 좀 더 유리할 수 있다. 그렇게 목이 긴 자손은 숲 근처에서, 목이 짧은 자손은 평야에서 번창하고 둘은 서로 떨어져서 생활하게 된다. 오랜 시간이 흐르면서 그 특성들은 더욱 발전하고(더 정확히는 목이 길수록 숲에서 유리하고, 목이 짧을수록 평야에서 유리한 상황으로 인해서) 둘의 유전자 차이가 벌어지면서 서로 다른 '종'으로 나뉜다.

인간과 침팬지도 마찬가지다. 침팬지와 인간이 유전적으로 가까운 관계인 것은 맞지만, 침팬지가 인간보다 유전적으로 뒤떨어지는(덜 진화된) 동물은 아니다. 침팬지와 인간은 오래전 하나의 조상에서 갈라져 나왔고 이후 독자적으로 변화해 현재에 이르렀다. 인간은 땅에서 두 발로 더 잘 걷게 됐고, 침팬지는 나무를 더 잘 타게 됐다. 인간이 더 발전한 것이 아니라 각기 다른 형태로 나뉜 것이다. 따라서 어느 날 갑자기 침팬지가 진화해 인간이 되는 상황은 일어날 수 없다.

〈혹성탈출: 진화의 시작〉에선 알츠하이머 치료약을 실험하던 중 유전자 치료를 위해 개발한 바이러스로 인해 유인원이 똑똑해진다고 설정했다. 앞서 〈스파이더맨: 뉴 유니버스〉 편에서 소개했듯이 바이러스를 이용한 유전자 치료 기술로 몸의 유전자를 변형시킬 수 있으며, 두뇌 발달을 일으킬 수 있다. 즉 기존 시리즈보다 이야기가 좀 더 자연스러워진 것이다.

바이러스에 의한 유전자 치료는 현재도 연구 중

1장
생명의 설계도, 유전자가 펼쳐내는 미래 세계

이다. 알츠하이머를 비롯한 많은 병이 유전적인 영향으로 발병하기 쉬운 만큼 해당 유전자를 수정하면 진행을 늦추거나 막을 수 있다. 특히 침팬지는 알츠하이머성 질환이 발생하지 않는다고 여겨지는 만큼, 이들을 통한 알츠하이머 질환 연구는 충분히 의미가 있다.

다만, 유전자 조작은 이미 발현된 성질에 대해서는 바로 적용되지 않는다. 알츠하이머 유전자를 치료한다고 해서 알츠하이머로 파괴된 두뇌가 갑자기 회복되지 않듯, 침팬지의 두뇌 유전자가 달라진다고 해서 단번에 천재가 될 수는 없다. 한 연구에 따르면 인간에게만 있는 어떤 유전자를 다른 생명체에게 주입했더니 그 생명체의 두뇌가 발달하는 결과가 나왔다고 한다. 하지만 두뇌가 커진다고 해서 천재가 되는 것은 아니다(과거에는 이를 착각해서 미래의 인간은 머리가 엄청나게 커지고 손가락이 길어져서 마치 영화 〈E.T.〉의 외계인 같은 모습이 될 거라고 상상하기도 했다).

침팬지는 두개골이나 뼈대, 발성 기관 등도 인간과 다르다. 따라서 인간의 언어를 그대로 말하기 어렵고, 나무 위에서 생활하는 쪽이 더 어울리는 동물인 만큼 두 다리로 오랫동안 걷기도 쉽지 않다. 두 다리로 도시를 질주하며 돌아다니는 일은 유인원에게는 어울리지 않는다.

    인간보다 상대적으로 엄지가 짧아서 물건을 제대로 잡기 어렵고, 어깨 구조도 달라서 창이나 물건을 멀리까지 던질 수도 없다(일설에는 인간의 손이 침팬지보다 발달한 게 아니라, 침팬지가 나무 등을 타면서 다른 손가락이 더 길게 변화했다고도 한다. 손만 보면 침팬지가 인간보다 진화했다고 볼 수도 있을까?). 이런 점들을 미루어 봤을 때 단순히 침팬지 머리가 좋아진다고 해서 '유인원의 행성' 같은 상황이 벌어질 가능성은 거의 없다.

    현시점에서 인류는 모든 원숭이종을 다 합친 것보다 몇십만 배는 많기 때문에 설사 수십, 수백 마리의 원숭이가 조금 똑똑해진다고 해도 멸망하지는 않을 것이다. 이러한 이유로 〈혹성탈출〉 고전판에선 전쟁으로, 신판에선 인간에게만 감염되어 지능을 떨어뜨리는 바이러스로 인류를 멸망에 가까운 위기에 몰아넣는다. 원숭이가 지배하는 행성이라는 것은 그만큼 현실과는 거리가 먼 이야기라는 말이다.

    그런데 이 시리즈는 왜 이렇게 인기 있을까? 인간이 아니라 유인원이 주인공이 되어서 돌아다니는 이야기이고, 과학적으로도 설득력이 부족한데 말이다. 여기에는 과학보다는 '인간'이 뭔지에 대한 근본적인 고민이 담겨 있기 때문이라고 생각한다. 다윈이 진화론을 처음 발표했을 때 많은 사람이 그를 비판했다. 심지어 다윈의 얼굴을 한 원숭이 그림으로 그를 조롱하기도 했다. 다윈을 비난하던 누군가가 진화론을 주제로 토론하던 중 "원숭이는 당신들의 할아버지 쪽 조상입니까, 아니면 할머니 쪽입니까?"라고 물었고 한 학자가 이렇게 대답했다고 한다. "나는 원숭이가 내 조상이라는 사실이 부끄러운 것이 아니라, 뛰어난 재능을 가지고도 사실을 왜곡하는 사람과 혈연관계라는 점이 더욱 부끄럽습니다."

　　원숭이가 친척이라는 사실보다 내가 인간이라는 것이 더 부끄러워지는 상황. 번듯이 차려입고 무장한 인간보다 시저를 비롯한 벌거벗은 유인원이 더 인간적으로 보이는 장면들이 우리의 인간성을 자극하고 이야기에 빠져들게 하는 것 아닐까? 그리고 그런 상황을 부끄러워하는 마음이 있을 때, 인간의 미래는 좀 더 밝아지리라. 우리를 더욱 인간답게 만드는 '인간성'은 과학이나 유전자가 아니라 대화와 이해, 반성이라는 '문화'를 통해 진화하는 법이니까.

프랑스 작가 피에르 불의 원작을 바탕으로 만든 작품. 원제는 '유인원의 행성 (Planet of Apes)'으로 한국에선 '혹성탈출'이라는 이름으로 알려졌다. 작가는 2 차 세계 대전 당시 일본군에 잠시 억류된 적이 있는데, 이제껏 야만적이라고 믿었던 동양인에게 억압당한 상황에서 영감을 얻어 이 작품을 만들었다.

1968년에 첫 영화가 나왔고, 이후 여러 편의 후속작과 리메이크 작품이 만들어졌다. 첫 영화에선 유인원이 인간을 지배하는 행성에 도착한 주인공이 현명한 유인원 부부의 도움으로 탈출하지만, 그곳이 지구라는 사실을 깨닫고 절망하는 모습을 보여주었다.

속편에선 유인원들이 지하에 살던 인간을 공격해서 멸종시키던 중 핵폭 발로 지구가 멸망하고, 이 지구를 떠난 부부가 과거 지구에 도착한다. 4~5편에 선 이들 사이에서 태어난 자식인 시저가 지도자가 되어 유인원 세계를 만들어 나간다. 이 과정에서 인간이건 유인원이건 폭력적으로 행동하던 자들은 모두 패배하는 모습이 인상적이다.

2011년에 만들어진 〈혹성탈출: 진화의 시작〉에선 타임머신 요소를 빼고, 치료용 바이러스를 만드는 과정에서 인간이 멸망하고 유인원이 진화한다는 설정으로 바꾸었다.

1장
생명의 설계도, 유전자가 펼쳐내는 미래 세계

과학이 창조한
도플갱어

《더 문》

가까운 미래, 인류는 달 표면에서 채취한 헬륨3를 이용한 핵융합 동력 덕분에 풍요로운 삶을 살아가고 있었다. 달의 미래가 곧 지구의 미래. 헬륨3의 채취는 그 무엇보다도 중요한 업무가 됐다. 문제는 달에서 살아가는 데 비용이 많이 든다는 것이다. 헬륨3는 소중한 자원이지만 이를 얻기 위해 수많은 인력을 배치하기는 어려웠다. 이에 에너지 기업 '루나'에선 기계 장치를 이용해 채굴하는 한편, 단 한 명의 직원에게 이를 관리하도록 한다. 인공 지능 시스템 거티가 관리하기 때문에 채굴을 마친 장치를 살피는 일 외에는 할 일이 없지만, 3년이라는 시간을 홀로 보내야 하는 만큼 그 생활은 절대로 편하지 않다. 게다가 지구와 실시간으로 연락이 가능한 인공위성이 고장 나는 바람에 가족들과도 쉽게 대화를 나눌 수 없는 상황에서 샘은 하루하루 어려운 삶을 이어간다.

그러던 중 그의 삶에 변화가 일어난다. 갑작스러운 사고 이후, 주변이 이상하게 달라진다. 거티가 고장 났다는 위성을 통해서 지구와 통신을 주고받을 뿐만 아니라 샘이 밖으로 나가는 것을 가로막는다. 거티를 속여서 밖으로 나가는 데 성공한 샘은 그곳에서 또 다른 탐사 로봇과 '자기 자신'을 만나게 된다. 그야말로 도플갱어. 독일 전설 속에 등장하는 자기와 똑같이 생긴 존재. 만나면 불행이 찾아오고 결국 죽게 된다는 그 존재처럼, 똑같은 얼굴과 몸, 기억을 가진 존재를 만난 것이다. 하지만 그것은 절대로 전설 속 존재가 아니었다. 바로 자신의 복제 인간, 클론이었던 것이다. 과학으로 만들어진 도플갱어, 과연 그 존재는 샘에게 어떤 운명을 가져다줄까?

덩컨 존스 감독의 영화 〈더 문〉은 클론 기술에 관

한 이야기다. 주인공은 3년에 걸친 달 생활의 종료를 고작 2주 앞두고 자신과 똑같이 생긴 또 다른 인간을 만나 혼란에 빠진다. 같은 '샘 벨'이지만 행동도 성격도 다른 두 사람은 처음에는 갈등하며 대립하지만, 어느새 용기를 내어 '새로운 나'와 마주한다. 이 과정에서 샘은 자신을 둘러싼 모든 것이 거짓이며, 자기는 그저 진짜 샘 벨의 기억을 이식한 존재에 지나지 않는다는 사실을 알게 된다. 가족이 기다리는 지구로 돌아갈 날만을 기다리던 주인공이 사실은 수많은 클론 중 하나에 불과하다는 설정은 여러 SF 작품에서도 사용됐지만, 여기서는 달 기지라는 폐쇄된 환경에서 두 복제 인간이 만나면서 벌어지는 상황과 갈등을 통해 흥미로운 장면을 연출한다.

인공 지능 기술이 발달하면서 로봇이 인간의 업무를 대신하는 일이 늘어나겠지만, 적어도 가까운 미래에 로봇이 인간을 완전히 대체할 가능성은 적다. 판단력 자체는 인간과 비슷한 수준으로 상승할 수 있겠지만, 인간처럼 다양한 도구를 자유롭게 다룰 수 있는 로봇을 만드는 일은 실현되기 어렵다.

특히 지구와 실시간으로 통신을 주고받을 수 없는 우주 탐사에서 인간은 그 어떤 로봇 탐사기보다도 뛰어난 활약을 할 수 있다. 실례로 아폴로 11호의 달 착륙으로 달 탐사 경쟁에서 패배한 소련은 돌 가져오는 일은 로봇으로도 충분하다면서 몇 차례에 걸쳐 로봇 탐사선을 보내 월석을 채취해왔지만, 그 양은 아폴로 탐사선 단 한 대가 가져온 것보다 훨씬 적었다. 기술이 월등히 발달한 현대에 더욱 많은 돈을 들여 만들어낸 화성 탐사선도 마찬가지다.

2004년에 화성에 도착해 2018년까지 15년간 활동한 화성 탐사선 오퍼튜니티는 고작 45.16킬로미터를 이동하는 데 그쳤고, 2012년에 도착해 현재까지 활동 중인 큐리오시티는 그보다 훨씬 성능이 뛰어남에도 아직 20킬로미터를 조금 넘은 정도밖에 이동하지 못했다.

한 과학자는 "화성에 인간이 간다면 단 하루 만에 이제까지 존재한 모든 탐사선을 넘어서는 결과를 얻을 수 있을 것"이라고 말했는데, 그만큼 아직은 인간과 자율 주행 로봇의 능력 차이는 엄청나다. 적어도 가까운 미래에 인간처럼 걷고 도구를 다룰 수 있는 로봇이 나올 수 없는 것은 당연하다.

헬륨3는 달 표면에 널려 있어 이를 채취하는 일 자체는 로봇도 가능하지만, 이들을 관리·점검하고 운영하는 것은 분명히 인간 우주 승무원이 맡게 될 것이다. 문제는 달이라는 환경이 인간에게 그다지 좋지 않은 데다 일할 사람을 훈련해서 보내려면 막대한 비용이 들어간다. 아폴로 승무원 세 명을 달까지 보내기만 하는 데(그나마 2명밖에 달에 내려앉지 못했다) 자그마치 3,000톤 규모의 거대한 새턴 로켓이 필요했으며, 이를 만들고 띄우기 위해 미국조차 부담을 느낄 정도로 어마어마한 예산이 들어갔다. 기술이 발달한다면 이 비용은 분명히 줄어들겠지만, 지구 중력을 벗어난 곳으로 승무원을 보내려면 막대한 돈이 들어가는 것은 당연하다. 게다가 엄청난 급료와 사고가 날 경우 그에 따른 보상이나 기타 여러 문제를 해결하기 위해 더욱 많은 비용을 감수해야 한다. 이익을 최우선으로 하는 회사로서는 환영할 만한 일은 아니다.

　여기서 '루나'라는 기업은 달 기지에서 활동한 승무원을 무단으로 복제한 클론을 활용해 이 문제를 해결한다. 클론이 만들어진 사실을 아는 사람은 회사 내에서도 극소수에 지나지 않는 데다 지구와의 연락이 통제된 만큼 이것을 비밀로 하는 일은 어렵지 않다. 속여야 할 것은 단 한 명. 그것도 3년이라는 제한된 시간 동안 외부와는 완전히 격리된 상태에서 연락도 통제할 수 있다면? 막대한 수송비와 급여, 그리고 사고 시의 보험금 등을 모두 해결할 수 있다면? 식량 같은 보급품은 필요하겠지만(기지가 매우 크다면 자급자족도 할 수 있다) 어느 정도 자급자족이 가능하다는 점도 고려하면 고성능 로봇을 생산하는 것보다 훨씬 싸게 먹힐 수 있기에 우주 개발에서 클론 활용은 그만큼 매력적이다.

윤리적인 문제는 막대한 이익 앞에서 무시되기 쉽고, 클론은 인간이 아니라는 생각을 지닌 사람이라면 충분히 눈 감을 수 있다. 링컨 대통령이 노예 해방을 선언한 지 고작 160년 정도밖에는 지나지 않았고, 아직도 세계 각지에 노예나 그보다 못한 삶을 살아가는 이가 적지 않은 상황에서 과학 기술로 만들어진 클론을 부품이나 소유물로 생각하는 사람이 얼마든지 있지 않을까?

복제 기술 자체는 그다지 새로운 것이 아니다. 이미 1996년에 완전히 자라난 양의 체세포를 바탕으로 복제 양 '돌리'가 탄생했으며 문제없이 자랐다(7년 만에 병으로 죽긴 했지만 복제 기술의 문제는 아니었다고 한다. 일부에선 돌리가 일찍 죽은 이유가 '처음부터 노화된 상태였기 때문'이라는 얘기도 있지만, 이후 연구를 통해 사실이 아닌 것으

1장
생명의 설계도, 유전자가 펼쳐내는 미래 세계

로 드러났다. 즉, 클론이라고 해서 수명이 줄어들지는 않는다는 이야기나).

　주인공 샘 벨처럼 성인의 신체를 가진 클론을 만들려면 성장하는 시간이 걸리긴 하겠지만, 세포 분열 속도를 촉진함으로써 이 문제도 해결할 수 있다고 한다(영화 속에서 클론의 수명이 3년으로 설정된 것은 이러한 '성장 촉진'에 의한 부작용으로 여겨진다).

　가장 어려운 것은 기억의 복제다. 이따금 히틀러 같은 이를 복제하면 무서운 독재자가 탄생한다는 얘기가 종종 나오지만, 기억은 절대로 유전자를 통해서 옮겨지지 않는다. 따라서 히틀러를 복제한다면 외모와 목소리가 비슷할지 몰라도 특유의 놀라운 연설 솜씨나 부족한 그림 솜씨를 재현할 가능성은 많지 않다. 도리어 성장 과정에 따라서는 머리 모양이나 수염은 물론 체중이나 키 등 외모 면에서도 히틀러와 달라질 가능성이 많다. 장발에 턱수염을 기르고 미술가로 활동 중인 히틀러의 클론 이야기가 21세기인 현재 콧수염에 작달막한 7대 3 가르마의 아저씨가 새로운 독재자로 군림한다는 것보다 훨씬 재미있지 않을까?

　다만, 기억을 복제하는 기술이 완전히 불가능하다고는 볼 수 없다. 우리의 기억 시스템을 풀어낼 수만 있다면 이를 재현하는 일도 가능하기 때문이다. 실제로 최면술 등을 통해서 거짓 기억을 심어 넣을 수 있으며 많은 학자가 기억 시스템을 연구하는 만큼 가까운 미래에 기억을 바꾸는 기술이 등장할 가능성은 충분하다.

〈더 문〉의 상황은 과학적으로 충분히 가능하지만 정말로 이런 일이 실현될지는 의문이다. 인류의 운명을 책임질지도 모르는 헬륨3 채취를 고작 한 회사에서 독점하고, 아무도 그 회사 상황에 관심을 두지 않는 것도 이상하다. 무엇보다도 이러한 일이 20년 가까이 묻힐 정도로 관련된 인간이 모두 썩어빠질 가능성은 적다고 본다. 우주 개발은 극소수 사람만으로 이루어질 수 없으며 이 정도 산업을 구축하려면 더욱 막대한 인원이 필요하게 마련이다. 그런데 20년 가까운 세월 동안 단 한 사람도 이처럼 비윤리적인 상황에 이의를 제기하지 않을 수 있을까?

이익 앞에서 사람들은 쉽게 윤리를 배신하지만, 모두가 그런 것은 아니다. "우리는 프로그램화되는 게 아니야"라고 주인공은 이야기한다. 설사 클론이나 인공 지능으로서 회사의 이익을 위해서 활동하도록 설정됐다고 해도 인간으로서 살아간다면 무언가 배울 수 있다는 말일 것이다.

　클론 기술은 앞으로 다양하게 응용될 것이다. 어쩌면 기억까지도 복제해 '무적의 전사'나 '완벽한 독재자'로 프로그램화되거나 사용될지도 모른다. 하지만 그들이 '인간'으로서 살아 있는 한 원본과는 다른 무언가를 배우며 새로운 개체로 성장해나갈 것이다. 영화 속에서 회사의 명령을 듣도록 프로그램화됐을 인공지능 거티가 회사의 이익보다 함께 살아온 샘 벨들을 구하기 위해 행동했듯이.

2009년 개봉작 〈더 문〉은 〈소스 코드〉 등을 만든 덩컨 존스 감독의 영화다. 원제는 '문Moon'이지만 국내에선 '더 문'이란 제목으로 소개됐다. 아폴로 11호 달 착륙 40주년을 기념하듯 2009년 6월에 공개된 이 작품은 달 기지를 무대로 단 한 명의 주연만이 출연(몇 없는 조연은 모두 영상 통화나 목소리로만 출연한다)하는 저예산 영화이지만 세계 SF 팬 행사인 월드콘WORLDCON에서 주는 휴고상을 비롯해 수많은 상을 받으며 흥행에서도 상당한 성공을 거두었다. 달 기지 내부 묘사가 충실하고 두 복제 인간의 갈등과 이해 과정을 섬세하게 보여준 훌륭한 연기로 호평을 받았다. 3년이라는 차이로 인해 외모만이 아니라 경험과 성격, 그리고 몸 상태도 다른 두 캐릭터를 동시에 연기한 배우 샘록웰의 연기가 일품이며, 복제 인간이 갖는 고민과 그를 도와서 활동하는 인공 지능의 설정 등 다양한 SF적 요소를 충실히 연출한 작품이다.

〈2001 스페이스 오디세이〉의 인공 지능 HAL9000의 오마주로 여겨지는 인공 지능 거티가 주인공들을 위협하지 않고, 두 클론이 동시에 깨어난 것을 감춰주는 등 그들을 돕는 부분이 흥미롭다. 인공 지능의 모습을 친숙한 이모티콘으로 표현한 연출도 재미있다.

주인공이 머무르는 기지 이름은 '사랑SARANG'이고, 기지에도 한글로 '사랑'이라고 쓰여 있다. 이는 한국 기업이 참여해서 제작한 기지라는 설정 때문으로 보이지만, 실제론 감독이 동기의 이름을 따서 붙였다고 한다.

2018년에는 넷플릭스 오리지널 영화로서 이 작품과 세계관을 공유하는 작품 〈뮤트〉가 공개됐다. 덩컨 존스 감독은 〈더 문〉의 정신적 후속작이라고 했지만, 실제로는 〈더 문〉보다 먼저 기획했다가 제작이 늦어져 2018년에야 완성됐다.

1장
생명의 설계도, 유전자가 펼쳐내는 미래 세계

6 영원한 수명의
딜레마

⟨인 타임⟩

어느 날, 인류는 노화의 비밀을 밝혀내고 오래전부터 꿈꾸었던 불로장생을 실현한다. 하지만 수십억 인구가 영원한 수명으로 살아간다면 공간도 자원도 한계에 다다르는 것은 당연한 일. 그리하여 정부에선 모든 사람에게 한정된 수명을 제시하고, 그 이상은 스스로 벌어서 살아가도록 한다. 하루를 더 살려면 그만큼 일해서 벌어야 하는 것이다. 물론 그 수명은 모두에게 공정하지는 않았다.

수입이 많으면 수명도 길고, 수입이 적으면 수명도 짧다. 빈민가에서 살면서 일용직으로 생활하는 주인공 윌은 물론 후자였다. 하루 벌어서 하루 살아가던 그는 어느 날 술집에서 자그마치 116년의 수명을 지닌 해밀턴이란 사람을 만난다. 막대한 재산을 감추지도 않은 채 횡설수설하던 그는 재산을 노린 폭력단의 습격을 받지만 윌의 도움으로 무사히 탈출한다. 실제 자기 나이가 105세라고 밝힌 그는 자신을 구해준 윌에게 수명을 모두 내어주고 자살한다.

　　난데없이 부자가 된 윌은 친구에게 10년의 수명을 나누어주고 어머니를 찾지만, 집으로 돌아오던 어머니는 갑작스레 올라버린 버스비 때문에 집까지 뛰어오다가 윌의 눈앞에서 수명이 다한다. 해밀턴의 이야기와 어머니의 죽음으로 세상이 부조리하다는 것을 깨달은 윌. 그는 그들이 빼앗은 걸 모두 다시 가져오겠다며 갑부들만이 사는 땅으로 향한다. 과연 윌은 어떻게 할까?

　　〈인 타임〉은 '시간은 돈이다'라는 유명한 말을 SF 설정에 도입한 영화다. 과학 기술의 발달로 이 세계에서 사람들은 수명을 자유롭게 조절하며 살 수 있게 됐다. 하지만 무한한 수명이 있다면 그만큼 시간 낭비도 심해지는 법. 이 문제를 해결하기 위해 이 세계에선 재산과 수명을 일치시키는 방법으로 사람들이 열심히 살아가도록 만든다. 모든 사람은 25세가 되면 외모가 고정되며(아무리 나이가 들어도 25세의 모습 그대로다) 1년의 시간을 받는다. 그 후에는 일을 하며 돈을 벌어서 시간을 늘려나가야 한다. 먹고 자고 입고, 커피를 마시거나 버스를 타고 집세를 내는 등 모든 비용은 자신의 '시간'으로 지급하며, 시간이 모두 떨어지면 그 즉시 심장마비로 사망한다.

문제는 사람마다 벌 수 있는 시간이 다르다는 것이다. 어떤 사람은 온종일 죽을 만큼 고생해 고작 하루의 시간을 버는 반면, 어떤 이는 가만히 있어도 재산이 계속 늘어나 수백, 수천, 수만 년을 살아간다. 이처럼 부조리한 상황에서 살아가던 주인공은 어떤 이와의 우연한 만남으로 시스템의 문제를 깨닫고 이를 깨뜨리려 한다. 반면, 권력자와 경찰 조직(타임키퍼)은 시스템이 무너지면 모든 사람이 손해를 입는다고 생각해 그를 막으려 한다.

'인간이 영원히 살 수 있다면 어떻게 될까?'라는 것은 SF만이 아니라 판타지나 온갖 작품에서 즐겨 사용되는 소재이지만, 이 작품에선 이러한 수명 개념을

'자본주의'와 결합해 흥미로운 상황을 연출한다.

현대 사회에서도 돈 많은 사람이 남보다 오래 사는 것은 그다지 이상한 일이 아니다. 돈이 많으면 몸에 좋은 음식을 더 많이 먹을 수 있고, 아주 작은 병이라도 병원에 가서 치료받을 수 있으며, 좀 더 일찍 좋은 시술을 받아서 큰 병으로 발전하기 전에 완치될 가능성도 많다(흔히 부자를 뚱보로 묘사하기도 하는데, 요즘에는 더 날씬하고 건강한 모습을 한 경우가 많다). 물론 좋은 환경에서 요양하는 데도 돈이 들게 마련이다. 나이가 들수록 큰 병에 걸리기 쉬운데(특히 수명이 늘어나면서 이전보다 암을 비롯한 온갖 질병으로 사망할 가능성도 더 많아졌다) 치료비가 만만치 않은 만큼 부자가 유리한 것은 당연하다(가령 2014년 이래 지금까지 계속 입원한 상태인 삼성 이건희 회장은 엄청난 입원비를 내고 있을 것이다). 과학 기술이 발달할수록 이러한 상황은 더욱 가속화될 것이며 실제로 인간의 수명을 늘릴 수 있는 가능성도 제기되고 있다.

인간의 몸은 세포로 이루어져 있고, 살아 있는 동안 분열해 새로운 세포를 만드는데, 문제는 분열할 수 있는 횟수에 제한이 있다는 것이다. 연구 결과, 이러한 과정에는 텔로미어라는 DNA 조각이 관련되어 있음이 드러났다. 텔로미어는 염색체 끝부분에 존재하는데, 세포 분열이 일어날 때마다 조금씩 사라진다. 텔로미어가 모두 사라지면 세포가 분열할 때마다 DNA 자체가 소멸해 분열되는 세포에 문제가 발생한다.

인공적으로 텔로미어를 늘릴 수 있다면 세포 분열 횟수가 늘어나고 수명도 늘게 될 것이다. 실제로 텔로미어를 늘릴 수 있는 효소가 발견됐고, 이를 늘려나갈 방법이 개발되면서 이러한 꿈은 점점 현실이 되고 있다(텔로미어를 늘릴 수 있게 된다고 해도 세포 분열 과정에서 돌연변이로 인해 암세포가 생기거나 뇌세포 이상으로 치매에 걸리는 등의 문제는 막을 수 없지만 이 역시 과학 기술로 해결할 방법이 개발될 것이다). 문제는 이 기술이 실용화된다고 해도 처음에는 엄청난 비용이 들게 마련이다. 당연히 돈이 많은 사람부터 사용하게 될 것이고, 부자와 가난한 사람은 수명부터 차이가 나는 시대가 펼쳐질 가능성이 많다.

육체적 노화를 막을 수 없다면 기억을 옮기는 방법도 있다. 아직 기억의 원리가 드러나지 않은 만큼 이를 옮기는 것은 묘연한 일이지만, 일단 기술이 실현된다면 원하는 대로 기억을 옮겨서 영원히 살아가는 것도 꿈은 아니다. 클론 기술로 내 몸을 복제해 그 안에 기억을 심으면 나와 똑같은 사람이 생겨난다. 아니면 나보다 훨씬 잘생기고 키도 크고 건강한 사람을 복제해서(또는 그 몸을 사서) 기억을 심을 수도 있다. 물론, 만화 『은하철도 999』처럼 기계 몸을 갖는 것도 불가능한 일은 아니다.

어떤 방법이든 돈이 많은 사람부터 혜택을 볼 것은 충분히 예상 가능하며 돈이 모든 것을 말하는 자본주의 세계에서 부자가 당연히 유리하게 마련이다. 수명을 늘리는 기술이 모두에게 제공된다고 해도 마찬가지다. 현대 사회에서 사람이 살아가려면 돈이 필요하고, 수명이 늘어난다면 그만큼 더 많은 돈이 있어야 한다. 가령 영원한 수명을 바탕으로 평생 책을 보고 즐기기 위해서는 최소한 책을 사고 먹고살 만큼의 돈이 필요하다. 당연히 일해야 하고, 그만큼 책을 볼 시간은 줄어든다. 영원한 수명이 영원한 자유를 보장하지는 않는다.

그러나 기술이 발전하면 이러한 상황도 극복할 수 있다. 고대 스파르타 사람들이 일은 노예에게 맡기고 전쟁놀이에만 몰두했듯이 인공 지능 기술이 발달해 로봇이 대신 일하면 사람들은 영원한 수명을 얻을 뿐만 아니라 아무 일도 하지 않고 놀고먹을 수 있게 된다. 어쩌면 종교에서 말하는 천국과 같은 삶이 계속 이어지는 것이다. 그런데 한 가지 궁금한 점이 있다. 과연 천국은 행복한 곳일까?

〈인 타임〉에서 월이 만난 해밀턴은 끝없는 수명을 가진 갑부였지만, 별로 행복해 보이지는 않았다. 100년도 넘게 살았고 앞으로도 수천 년은 더 살 수 있지만 그 삶을 스스로 포기한다. 육체의 노쇠함을 벗어나 무엇이든 누릴 수 있지만 마음의 노쇠함은 벗어날 수 없었기 때문이다. 육체가 아닌 마음의 노쇠를 벗어나는 것, 어쩌면 그것이 진정한 행복의 비결일지도 모른다. 그러기 위해서는 영원한 수명과는 다른, 어떤 조건이 필요하지 않을까?

2011년 개봉한 앤드류 니콜 감독의 영화. '시간이 돈이 되어버린 미래 사회'라는 소재로 흥미를 끌며 제작비의 네 배 이상을 벌어들이는 데 성공했다. 개연성 부족이나 작위적이고 어설픈 스토리 때문에 평은 조금 안 좋았지만 독특하고 새로운 소재 덕분에 화제를 모았고, 지금도 종종 언급되는 작품이다.
물론 이러한 설정이 처음 등장한 것은 아니다. 실례로 SF 작가인 할란 앨리슨은 '정해진 시간을 통제하는 디스토피아 사회'나 '시간을 관리하는 타임키퍼' 같은 설정이 자신의 단편 「회개하라, 할리퀸! 째깍맨이 말했다」를 표절했다면서 소송을 걸었다(영화를 본 이후에는 자발적으로 소송을 취하했다).

수명을 돈으로 계산해 거래할 수 있다는 설정은 할란 앨리슨의 소설 외에도 다양한 작품에서 볼 수 있다. 심지어 판타지에도 종종 등장하는데, 한국에도 소개된 미하엘 엔데의 『모모』(1973)에선 사람들을 속여서 딴짓하지 않고 바쁘게 생활하게 한 뒤 그들이 절약한 시간을 훔치는 시간 도둑이 등장한다(이를테면 이발사가 일하면서 손님과 한담을 나누거나 식당에서 맛있는 요리를 위해 시간을 들이는 것을 모두 '낭비'라고 생각하게 되어서 오직 일에만 열중하고 패스트푸드만 만들며 친구나 가족과 보내는 시간조차 꺼리게 된다). 일에 사용하는 시간 이외의 모든 것, 가령 친구나 가족, 또는 여가를 위해 사용하는 시간을 모두 낭비라고 생각하게 해 삶의 여유를 앗아가고, 남의 시간을 훔쳐서 살아가는 시간 도둑은 극소수 부유층이 사람들을 착취하면서 풍요를 누리는 〈인 타임〉의 설정과도 닮은 점이 있다.

1장
생명의 설계도, 유전자가 펼쳐내는 미래 세계

유전 공학이 만드는
미래의 가능성

6,000만 년 전에 멸종한 공룡을 부활시켜 눈앞에서 볼 수 있게 한다는 '쥬라기 공원'의 아이디어는 유전 공학이라는 기술을 통해서 실현된다. 유전 공학은 생물의 설계도라고 할 수 있는 유전자를 수정해서 원하는 생명체를 만드는 기술이다. 우리가 정자와 난자가 합쳐져서 만들어진 수정란의 유전자에서 생겨나듯, 하나의 유전자로 수정란을 만들어 인공적인 알이나 자궁을 이용해 생명체를 성장시킨다.

유전자는 생물을 구성하고 유지하며, 몸의 다양한 조직이 유기적인 관계를 맺는 데 필요한 정보가 담긴 설계도로서 컴퓨터 프로그램 같은 존재다. 우리의 외형이나 세포 기능을 결정하는 유전 정보는 세포 속 DNA를 통해서 전달되지만, DNA라는 존재가 알려지기 전부터 사람들은 부모로부터 자식에게 전달되는 어떤 정보가 있음을 알고 여러 생명체를 만들어냈다.

유전 공학의 첫 사례로 '개'를 꼽을 수 있다. 개의 조상인 늑대는 무리 지어 생활하는데, 어느 날 그중 일부가 인간에게 다가와서 먹이를 얻어먹기 시작했다. 우리 조상들은 똑같아 보이는 늑대 중에서도 특히 인간에게 좀 더 친근하게 다가오는 개체가 있음을 알고 이들을 교배시켜 자손을 늘려나갔다. 그렇게 인간을 동료로 여기고, 고기만이 아니라 인간이 먹다 남긴 음식도 얼마든지 먹을 수 있는 잡식성 '개'라는 종이 생겨났다.

개의 도움으로 인간이 밤을 덜 두려워하고 노동 시간을 절약하게 되면서 문명이 발전했다. 개의 유용성을 깨달은 인간은 특정한 일에 더 도움이 되는 개를 원했고, 그런 성향을 갖춘 것들끼리 교배시켜 목적에 어울리는 품종을 만들어냈다. 보더 콜리처럼 양치기 능력이 뛰어나거나 비글처럼 사냥에 능숙한 개가 등장했고, 치와와나 불도그 등 늑대와는 전혀 다르게 생긴(굳이 말하면 애완 목적 이외에는 도움이 안 되는) 다양한 품종의 개가 생겨났다.

사람들은 개, 말, 소 같은 동물만이 아니라 온갖 식물도 다양한 교배를 통해서 새로운 품종을 만들어냈다. 쌀이나 밀 같은 곡물만이 아니라, 토마토, 오이, 감자 같은 채소, 심지어 튤립이나 백합 같은 관상용 식물에 이르기까지 오늘날 우리가 활용하는 식물 대부분은 과거의 모습과 완전히 다른 형태로 바뀐 유전 공학의 산물이다.

고대의 유전 공학(육종 기술)은 특정한 법칙 없이 운에 맡기는 방식에 가까웠지만, 멘델이 유전 법칙을 발견하면서 좀 더 체계적인 형태로 발전했다. 나아가 DNA와 그 구조가 밝혀지면서 DNA 자체를 조합하고 수정하는 현대 유전 공학 기술이 탄생했다. DNA는 마치 레고 블록을 조립한 것처럼 여러 아미노산이 결합해 만들어지는데, 유전 공학 기술로 DNA 블록의 특정한 위치를 절단하거나 연결해 원하는 모양의 DNA를 만든다.

　　유전자 치료 방법은 꾸준히 발전하고 있다. 일찍이 유전자 치료에는 바이러스를 사용했다. 바이러스가 유전자를 바꾸는 기능을 이용해 원하는 유전자를 넣어주고 이것이 적절한 위치를 찾아가도록 한 것이다. 하지만 바이러스를 이용한 유전자 치료는 면역 거부 반응 같은 부작용이 일어나기 쉽고, 엉뚱한 장소에 유전자를 삽입할 위험성이 있었다. 실제로 임상 실험에서 바이러스가 삽입한 유전자가 근처의 발암 유전자를 활성화해서 백혈병에 걸린 사례도 있었다. 더욱이 바이러스는 크기가 작아서 전달할 수 있는 유전자 크기도 제한된다.

　　반면 박테리아를 이용하면 이런 문제가 줄어든다. 흔히 세균이라고 불리는 박테리아는 오랜 세월 동안 바이러스와 싸우면서 자신의 적인 바이러스의 유전자를 판별하고 잘

라내는 기능을 발전시켰다. 크리스퍼_{CRISPR, Clustered Regularly}
_{Interspaced Short Palindromic Repeats}라고 불리는 이 시스템은 일종
의 유전자 가위로 작동해 원하는 유전자를 찾아서 잘라내
고 새로운 유전자로 교체하는 데 사용할 수 있다. 근래에는
바이러스를 활용한 치료 기술에도 크리스퍼를 활용하는 연
구가 진행되고 있다. 2017년에는 아데노바이러스를 이용한
크리스퍼 치료를 통해 혈우병 환자의 치료 가능성이 제기됐
고, 다양한 질병에 대한 실험을 진행하고 있다.

크리스퍼를 이용한 기술은 기존의 어떤 것보다도 편
리해서 손쉽게 유전자를 편집하고 수정할 수 있는 장치들이
개발되어 판매되고 있다. 고작 몇십만 원의 저렴한 장치로

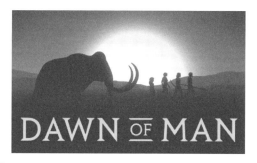

원시 문명을 소재로 한 게임 <던 오브 맨>에선 늑대, 들소,
아이벡스, 야생마를 길들여서 개, 소, 염소, 말
같은 가축으로 바꾸는 과정이 등장한다.

67   1장
            생명의 설계도, 유전자가 펼쳐내는 미래 세계

도 집에서 바이러스나 박테리아의 유전자를 변형해 원하는 기능을 추가·삭제하거나 변경하는 수준에 이르렀다. 그 결과, 프로그램을 변경하듯 대장균에 특정한 기능을 하는 유전자를 추가해 동물의 내장에서만 얻을 수 있는 인슐린 등을 대량으로 생산하거나, 발광 유전자를 넣어 스스로 빛을 내는 식물을 만들어낼 수 있게 됐다. 본래는 특정한 유전자가 적절하게 삽입됐는지 확인하기 위해서 집어넣었던 발광 유전자를 활용해 밤이면 별처럼 빛나는 관상식물을 만들어낸 것이다.

유전 공학이 나날이 발전하면서 새로운 품종이 계속 탄생하고 있다. 하지만 유전자 조작 식품 등 유전 공학에 대한 사회적 반감과 우려가 커지면서 〈쥬라기 월드〉처럼 유전 공학에 대한 경각심을 일깨워주는 이야기도 자주 등장하고 있다.

유전 공학은 혈액이나 뼈처럼 우리 몸을 이루는 체세포를 대상으로 하는 '체세포 수정'과 정자, 난자, 또는 수정란을 대상으로 하는 '생식 세포 수정'으로 구분되는데, 특히 문제가 되는 것은 자손에게까지 영향을 줄 수 있는 '생식 세포 수정'이다. 현시점에서 인간을 대상으로 하는 유전 공학의 영역은 보통 체세포 수정, 그것도 유전병 치료에 그치고 있지만, 중국이나 미국처럼 생식 세포 수정을 원천 금지하지 않은 나라도 있는 만큼, 앞으로 문제가 될 수 있다. 아직 유전자의 역할이 충분히 밝혀지지 않은 상태에서 먼 훗날까지 영향을 미칠지 모르는 유전자 개조는 치료 목적이건, 새로운 생명체를 만드는 목적이건 주의해야 한다.

선천적인 병을 치료하는 데 활용할 수 있는 유전자 치료 기술이 무조건 좋은 것만은 아니다. 바이러스를 이용해 특정한 유전자를 바꾸어서 병을 치료하는 이 기술은 수많은 유전병 환자에게 큰 희망을 주고 있지만 충분히 완성된 기술이 아니며, 부작용을 예측하기 어렵다.

또 윤리적인 문제도 있다. 가령 왜소증 같은 유전적 특징을 '질병'으로 정의하고 치료하는 순간, 전 세계 수많은 사람이 '환자'로 분류되며 사실상 사회적으로 배척될 위험도 있다. 모두가 선호하는 어떤 유전자만 남고 그 밖의 유전자는 없어져서 앞으로 생겨날지 모르는 질병이나 상황 대처에 필요한 유전적 다양성이 사라지는 것도 문제다. 나아가 근래의 연구를 통해서 DNA만이 아니라 또 다른 무언가가 유전에 관여할 가능성이 드러난 만큼, 새로운 기술이라고 해서 무작정 활용하기보다는 더 많은 연구를 통해서 안전성을 확보할 필요가 있다.

유전 공학과 관련해 유전자 자체의 특허 등록에 대해서도 생각해봐야 한다. 〈쥬라기 공원〉에서도 공룡의 유전자를 훔치려던 사람 때문에 사건이 일어나지만, 실제로도 특정한 병을 발병시키거나 치료하는 데 도움이 되는 유전자를 특허로 독점해 질병 치료 연구를 방해하는 일이 벌어지면서 이에 대한 찬반 논쟁이 계속되고 있다.

SF 세계 속에서 유전 공학은 생명체를 개조하는 도구로 사용되는 사례가 많다. 일찍부터 SF에는 『지킬 박사와 하이드』나 『모로 박사의 섬』처럼 과학 기술을 이용해 인간이나 동물을 개조하는 이야기가 많았는데, 유전 공학은 바로 이러한 '변화'에 과학적인 근거를 제공한다. 그만큼 사실적인 느낌을 주며, 이야기의 폭도 훨씬 넓어진다. 최근에는 빙하 속에서 발견된 매머드의 사체로부터 얻은 유전자로 매머드를 복제하려는 시도가 진행되고 있어 〈쥬라기 공원〉도 완전히 꿈만은 아니라는 것을 느낄 수 있다.

SF에서 유전 공학 이야기는 멸종한 생명체를 부활시키는 것뿐만 아니라 〈쥬라기 월드〉처럼 전에 없던 새로운 생명체를 만드는 내용도 많다. 공룡이나 매머드 같은 동물에 한정하지 않고 유전 공학을 이용해 더 강하거나 똑똑한 자녀를 만들어내는 이야기도 등장한다. 현실에서 좋은 학교를 나온 사람이 대우받듯이 좋은 유전자를 가진 사람만이 대우받는 사회에서 처음부터 우월한 유전자를 가진 사람끼리 결혼할 뿐만 아니라, 유전 공학으로 좋은 속성의 유전자만을 골라서 아이를 만들어내는 것이다.

심지어는 인공적인 계급을 만들어내는 이야기까지 등장한다. 올더스 헉슬리의 『멋진 신세계』에서 '인공 계급' 개념이 처음 선보일 당시에는 단순히 약물을 이용해 조작하는 정도에 그쳤지만, 유전 공학이 등장하면서 더욱 그럴듯한 내용으로 바뀌었다. 소설 『레드 라이징』에서는 초인이라고 부를 만큼 강력한 존재들이 지배자로서 군림하는 상황이 등장한다. 또는 '엑스맨' 시리즈처럼 어떤 유전 인자로 인해서 특수한 능력을 지닌 이들이 사회로부터 배척받는 상황이 전개되기도 한다. 이런 작품 대부분은 현실의 인종 차별 문제를 반영하고 있다. 『멋진 신세계』에서 인공 계급을 '카스트'라고 부른 것이나 『엑스맨』 속 두 지도자의 모델이 1960년대 흑인 인권 운동을 이끈 마틴 루터 킹(프로페서 X)과 말콤 엑스(매그니토)라는 것이 대표적인 사례다.

유전 공학에 의한 '초인' 생성은 계급이 아니라 아예 새로운 종족을 만들어내는 설정으로 연출될 수 있다. 만화 『바스타드』에서는 엘프나 드워프 같은 판타지 종족이 유전 공학으로 만들어졌다고 나오며, 소설 '성계의 문장' 시리즈에서는 우주라는 환경에 적응할 수 있도록 인공적으로 만들어낸 푸른 머리칼의 종족 '아브'가 주역으로서 이야기를 이끌어나간다. '아브'는 인간을 바탕으로 만들어졌지만 인간과의 사이에서 자손을 제대로 만들 수 없다는 점에서(유전자 조작이 필요하다는 점에서) 독립된 종족이라고 할 수 있다. 성관계가 아니라 유전자 결합으로 자손을 낳는 풍습이 일반적이라는 점도 흥미롭다.

유전 공학은 단순히 성능이 뛰어난 무언가를 만드는 데만 사용하지 않는다. 후지이 다이요의 소설 『진매퍼』에서는 쌀의 유전자를 개량해 밭에 거대한 기업 로고가 생겨나게 한다. 마이클 크라이튼의 소설 『넥스트』에서는 물고기의 무늬를 조작해 광고가 새겨진 관상어를 만들어내는 등 생명체를 마케팅에 활용하는 이야기도 종종 볼 수 있다. 나아가 복제 인간(클론)이나 유전자를 이용한 수명 증가 등 유전자는 SF 작품 속에서 매우 인기 있는 주제로 널리 쓰인다.

올더스 헉슬리의 『멋진 신세계』에서 처음 등장한 복제 인간 설정은 이후 다양한 SF 작품에서 사용됐는데, 실제로 1996년 복제 양 '돌리Dolly'가 탄생해 대중의 눈길을 사로잡았다. 다 자란 성체에서 복제한 최초의 복제 포유류였던 돌리의 탄생은 인간 복제에 대한 고민을 가져왔고, 이후 영화 〈6번째 날〉이나 〈아일랜드〉 같은 복제 인간을 둘러싼 갈등을 그려낸 작품이 다수 등장했다.

올더스 헉슬리는 같은 인간을 복제하면 단체 작업의 효율이 높다고 소개했지만, 이후의 SF 작품 속 복제 기술은 대개 부정적인 모습으로 다루어졌다. 회사와 가정 양쪽에다 충실하겠다는 마음으로 복제 인간을 만드는 〈멀티플리시티〉처럼 코믹하고 즐거운 작품도 있지만, 보통은 복제 기술 자체를 비인륜적으로 그리는 사례가 많다.

　'히틀러'나 '예수'처럼 역사상 중요한 인물을 복제하면서 생겨나는 문제를 그려낸 작품도 눈에 띄는데, 가장 중요한 '기억'의 문제를 간과하는 사례가 많다. 또한 유전자가 같아도 생활 양식(예를 들면 먹는 것) 등 환경이 다르면 외모도 달라질 수 있다는 점을 무시하는 경향도 있다(일란성 쌍둥이도 지문은 다르며, 생활 방식에 따라 외모나 사고방식 등이 달라질 수 있다). 〈스타워즈: 클론의 습격〉처럼 뛰어난 전사를 대량으로 복제하는 것도 흔한 설정으로, '바키' 시리즈 같은 격투 만화에도 자주 등장한다.

　만화 『월광천녀』나 영화 〈아일랜드〉 등의 작품에서는 복제 인간이 권력자나 유명 인사의 장기 이식을 위한 예비 부품처럼 다루어지는 연출을 통해서 복제 인간을 부품이나 소유물로 생각하는 관점을 비판하기도 했다. 본문에서 소개한 〈더 문〉도 비슷한 관점의 작품이다.

　현실에서는 돌리가 탄생한 이후 복제 기술을 절멸 위기에 몰린 동물을 보호하거나 죽은 반려동물을 되살리는 목적으로 생각하는 사람이 늘고 있으며, 수명 연장, 면역력 강

생명의 설계도, 유전자가 펼쳐내는 미래 세계

돌리의 탄생을 소개하는 기사. 복제를 강조하고자
신문 자체를 복제한 듯 구성한 점이 재미있다.

화 등 유전자 조작을 위해 사용하자는 목소리도 적지 않다.

　　SF에는 〈쥬라기 월드〉처럼 인간의 욕망으로 만들어진
유전자 조작 생명체가 세상을 위협하거나 〈가타카〉처럼 유
전자를 또 하나의 잣대로 만들어 사람을 차별하는 내용이
많지만, 유전 공학이 삶을 더욱 행복하게 하는 이야기도 적
지 않다.

　　유전 공학은 삶을 풍요롭게 만들어주었다. 우리가 먹
는 대다수 음식은 인류가 오랜 세월에 걸쳐 유전적으로 더
맛있고 크게 개량한 것이며, 근래에는 오랜 세월 인류를 괴
롭혀온 여러 질병이나 해충을 줄이는 데도 유전 공학을 활

용하고 있다.

유전 공학은 미래의 우리 삶에 가장 밀접하게 관련되는 과학 기술이다. 그만큼 이에 대해 올바르게 이해하고 적절하게 활용한다면 더욱 재미있는 이야기가 탄생하고, 나아가 우리 미래도 훨씬 행복해질 것이다.

2장

진화하는 인류, 우리 곁에 다가온 슈퍼 히어로

인류, 호모 사피엔스(슬기 사람)는 오랜 진화를 거쳐 지구에 모습을 드러냈다. 그 후로 수백만 년의 시간이 흘렀지만 우리의 육체는 거의 달라지지 않았다. 우리는 이른바 만물의 영장이라는 이름 아래 다른 동물을 굴복시키고 지상을 정복하고 천공을 넘어 우주로 항하고 있다. 이 모든 것은 인간이 '과학'이라는 문화를 통해 진화를 거듭하고 있기 때문이다. 우리를 슈퍼 히어로로 만들어줄 기술은 무엇이며, SF 세계에 어떤 슈퍼 히어로가 존재할까?

1 의수는
우리 삶을 어떻게 바꿀까?

‹캡틴 아메리카: 시빌 워›

©MARVEL

사람들이 위험에 빠지면 슈퍼 히어로가 나타난다. 하지만 악당에 맞서 싸우는 과정에서 건물이 부서지거나 사람들이 다칠 수도 있다. 누군가는 세상을 구하려면 희생은 감수해야 한다고 말하겠지만, 피해 당사자는 그렇게 생각하지 않을 것이다. 특히 싸움에 휘말려 가족을 잃은 사람이라면 악당뿐만 아니라 영웅도 용서하기 힘들다.

　‹캡틴 아메리카: 시빌 워›는 이러한 사람들의 이

야기다. 영화 ‹어벤져스›에서 대원들은 사악한 세력으로부터 지구를 지켜냈지만, 그 와중에 시민의 희생도 적지 않았다. 이에 어벤져스를 위험하게 여긴 사람들은 그들을 통제해야 한다고 말한다. 자기가 만든 무기 때문에 사람들이 죽고 다치는 모습을 본 아이언맨은 이에 찬성하지만 어벤져스의 대장 캡틴 아메리카는 자신의 행동에 스스로 책임을 져야 한다고 반대하면서 서로 다투게 된다.

둘의 싸움에는 캡틴의 오랜 친구인 버키가 관련되어 있다. 2차 세계 대전 때 전우였던 그는 적에게 사로잡혀 세뇌됐다. 그리고 ‘윈터 솔져’라는 이름의 암살자로 활동하며 캡틴을 위협했다. 오랜만에 만난 그의 실력은 캡틴도 고전할 정도였다.

초인적인 힘을 가진 캡틴 아메리카가 윈터 솔져에게 고전한 것은 그의 몸이 매우 특수해서다. 버키의 왼팔은 특별한 금속으로 만들어진 의수다. 총알을 튕겨낼 만큼 튼튼하고 캡틴 아메리카보다 강한 힘을 발휘한다. 한쪽 팔만 의수로 바꾼다고 강해질 수는 없다. 그 팔은 괜찮아도 신체 다른 부위에 부담이 가기 때문이다. 하지만 윈터 솔져는 캡틴처럼 특수한 혈청으로 몸을 강화했기 때문에 의수가 충분히 힘을 발휘하며 진짜 팔처럼 자유롭게 움직인다. 말 그대로 슈퍼 의수인 것이다.

  장애인을 위한 의수나 의족 같은 의체 기술은 계속 발전하고 있다. 의체는 사람 몸에 맞추어 제작되는 만큼 가격이 매우 비싸지만, 최근에는 3차원 프린터를 이용해서 집에서도 만들 수 있다. 자원봉사로 의체를 제작하는 사람도 늘어나면서 이전보다 저렴하고 편하게 사용할 수 있게 됐다. 성능도 향상됐다. 과거에는 나무나 쇠로 만들어 무겁고 불편했지만, 현재는 다양한 신소재를 이용해 마치 스프링을 단 것처럼 더 빠르고 날렵하게 달리게 하는 의족도 존재한다. 특수 소재를 사용한 의족을 장착하면 위로 몇 미터를 가볍게 뛰어오르고, 어지간한 자전거만큼 빠르게 달릴 수 있다(장애가 없어도 착용할 수 있으며, 이를 이용한 스포츠도 등장했다). 요즘 의수는 신발 끈을 묶을 수 있을 만큼 정밀하게 움직인다. 예전 의수는 남아 있는 근육이나 힘줄에 연결해서 작동했기에 미세하게 움직이기는 어려웠다. 근래에는 사람의 근육이 움직일 때 발생하는 미약한 전기 신호를 확인하고 인공 지능으로 해석해서 움직이는 의수(근전 의수)가 등장해 더욱 정확하고 부드러운 동작을 구현한다.

하지만 근전 의수에도 한계는 있다. 근육의 전기 신호는 정확한 것이 아니라서 표현할 수 있는 움직임에 제한이 있다. 버키처럼 팔이 통째로 날아가서 근육이 거의 없는 사람은 쓸 수 없다. 가장 큰 문제는 의수로 감각을 느낄 수 없다는 점이다. 뭔가를 잡아도 느낌이 없기 때문에 힘을 너무 주어 달걀을 깨버리거나 반대로 너무 살짝 잡아서 떨어뜨릴 수도 있다. 어린애도 할 수 있는 달걀 옮기기조차 쉽지 않은 것이다.

　　그러면 윈터 솔져가 가진 슈퍼 의수는 나올 수 없는 것일까? 다행히도 해결 방법이 있다. 몸의 신경과 직접 신호를 주고받는 것이다. 우리는 신경에서 전달되는 신호를 통해서 몸을 움직이고 감각을 느낄 수 있다. 세포에서 발생하는 전기 신호가 신경을 타고 두뇌에 전달되면서 차갑다거나 부드럽다는 감각이 전해지고, 반대로 두뇌에서 신경을 타고 신체 각 부위로 내려간 전기 신호가 근육을 움직이게 하는 것이다.

　　이 원리를 이용해 신경에 전극을 연결해 신호를 주고받는 생체 공학 의수가 개발되고 있다. 생체 공학 의수는 손을 자유롭게 움직일 뿐만 아니라 뭔가를 '잡았다'는 감각도 되살릴 수 있다. 몇 년 전 외국에서 실험에 성공했으며 한국에서도 카이스트를 비롯한 여러 기관에서 연구 중이다.

아직은 장비가 너무 크고 불편해서 실용화되지 못했고, 신경에 직접 전극을 연결하려면 수술을 해야 한다는 문제도 있다. 하지만 많은 과학자가 연구 중인 것을 고려하면 오래지 않아 윈터 솔져나 600만 달러의 사나이가 탄생할 가능성은 적지 않다. 의수나 의족을 달고도 아무런 불편 없이 활동하고 그 힘으로 사람들을 돕는 슈퍼 히어로로 말이다.

한 발짝 더 나아가 뇌파로 의수를 작동시키는 기술이 실용화되면 〈캡틴 아메리카: 시빌 워〉에서 하늘을 날다가 추락해 반신불수가 된 아이언맨의 친구 로디(워 머신)도 자유롭게 걸으며 악당과 싸울 수 있게 될 것이다. 실제로 원숭이 뇌에 전극을 연결해서 로봇 팔을 작동시키는 실험이 성공했으며, 뇌파로 작동하는 의수, 의족이 연구되고 있다. 이 기술이 실용화되면 스티븐 호킹 박사처럼 몸을 전혀 가누지 못하는 사람도 자유롭게 돌아다니면서 생활할 수 있을 것이다.

한편 바퀴벌레처럼 작은 곤충은 간단한 장치로 로봇처럼 조작할 수 있는데, 이를 첩보전에 응용할 수 있다는 주장도 제기되고 있다. 어쩌면 이들을 '또 다른 눈'으로 사용해 유체 이탈을 하듯이 앉은 자리에서 세상을 돌아다니며 정보를 모으는 일도 가능할 것이다.

　몸의 장애가 더는 마음의 장애가 되지 않는 시대. 장애에서 해방된 사람들은 자신이 입은 과학의 은혜를 떠올리며 세상을 더욱 밝게 바라보게 되지 않을까. 세뇌 상태에서 빠져나와 자신을 되찾은 윈터 솔져가 캡틴의 친구로 다시 태어난 것처럼 말이다.

마블 시네마틱 시리즈 중 캡틴 아메리카가 주역인 세 작품 〈퍼스트 어벤져〉, 〈윈터 솔져〉, 〈시빌 워〉를 가리킨다. 이들은 어벤져스의 시작, 어벤져스를 뒷받침하는 실드의 붕괴, 나아가 어벤져스의 붕괴를 보여준다는 점에서 '어벤져스' 시리즈와 직접 연결되는 작품으로 눈길을 끈다. 마블 시네마틱의 시작은 〈아이언맨〉이지만 어벤져스를 상징하는 인물은 캡틴 아메리카라는 것을 잘 보여준다.

캡틴 아메리카는 원작에선 2차 세계 대전에서 히틀러를 물리치는 정치 선전형 히어로였지만, 이후 다양한 변화를 거치면서 미국의 자유주의를 상징하는 캐릭터로 성장했다. 최초로 흑인 히어로인 팔콘을 동료로 받아들이고 초인의 자유를 억압하는 '슈퍼 히어로 등록제'에 반대하는 등 자유와 평등을 내세우는 인물이다.

캡틴 아메리카는 '초인 혈청'이라는 약을 주입해 몸이 변화했고 초인적인 힘을 얻었는데, 현실에서도 스테로이드 같은 약물을 이용해서 근육을 발달시키는 일은 충분히 가능하다. 실제로 냉전 시대에 약물을 통해 초인 병사를 만들려 했다는 소문이 있으며(초능력도 연구했다고 한다) 현재도 운동 경기 등에서 금지된 약물을 이용해서 기록을 높이려는 시도가 끊이지 않는다.

2장
진화하는 인류, 우리 곁에 다가온 슈퍼 히어로

2 로봇 슈트가 만들어낸 슈퍼 히어로의 가능성

〈아이언맨〉

©MARVEL

"강화복, 로봇 슈트는 우리에게 더 날카로운 시력과 청력, 더 튼튼한 등골과 다리, 지적 능력, 화력, 방어력, 지구력을 제공합니다. 우주복이 아니지만 충분히 그 역할을 할 수 있으며, 비행기나 잠수함, 우주선보다도 많은 일을 해낼 수 있습니다. 무엇보다도 사용하기 위해 어떤 훈련도 필요하지 않습니다. 단지 입기만 하면 됩니다. 금속 덩어리처럼 생긴 이 옷을 입는 순간 여러분은 단번에 초인으로 변신할 수 있습니다. 자, 슈퍼 히어로의 세계에 어서 오십시오."

영화 ‹아이언맨›은 로봇 슈트를 이용해서 슈퍼 히어로가 되는 공학자 이야기다. 유명한 무기 회사의 대표이자 뛰어난 기술자이기도 한 주인공 토니 스타크는 어느 날 악당에게 붙잡힌다. 악당은 테러용 무기를 만들라고 시키지만, 그는 무기를 만드는 척하면서 로봇 슈트를 완성한다. 동굴 안에서 여러 부품을 이용해서 만든 로봇 슈트는 바위를 부수고 병사들을 날려버리며 활약한다. 적의 총알을 튕겨내고 화염을 뿜어내면서 테러범의 기지를 쑥대밭으로 만든 것이다. 그리하여 주인공은 악당을 물리치고 탈출하는 데 성공한다. 그리고 로봇 슈트를 개조해 슈퍼 히어로로 활약한다.

토니 스타크는 헐크처럼 힘이 세지도 않고, 캡틴 아메리카처럼 싸움을 잘하는 것도 아니고, 토르처럼 번개를 일으키는 망치도 없다. 단지 똑똑한 기술자일 뿐이다. 당연히 악당과 정면으로 맞서 싸우는 것은 불가능하다. 하지만 아이언맨 슈트를 입으면 그는 단번에 자동차를 들어 올리고 광선을 쏘아 적을 물리치는 슈퍼 히어로가 된다. 평범한 아저씨인 토니 스타크가 강력한 힘을 가진 아이언맨으로 변하는 것은 모두 로봇 슈트나 파워드 슈트powered suit라고 불리는 강화복

덕분에 가능한 일이다.

　　1950년대 『스타십 트루퍼스』라는 SF 소설에서 처음 등장한 강화복은 동력을 이용해 초인으로 만들어주는 장치다. 강화복을 입고 움직이면 감지 장치가 그 움직임을 확인해 동력에 전달한다. 그리고 동력이 작동하면서 더욱 강한 힘을 발휘하게 된다. 근육의 힘이 아니라 동력의 힘으로 작동하기 때문에 어린아이나 노인도 커다란 짐을 가볍게 들고 돌아다닐 수 있다. 강화복을 사용하면 힘이 세지기 때문에 튼튼하고 무거운 갑옷을 걸치고 마음대로 돌아다닐 수 있으며 그만큼 악당에게 공격받아도 무사하다. 미사일이나 커다란 총 등 무겁고 강력한 무기를 달고 싸우는 것도 가능하다.

　　강화복의 가장 큰 이점은 특별한 조종 기술이 없어도 움직일 수 있다는 점이다. 강화복은 조종간으로 움직이는 거대 로봇이 아니다. 슈트라는 말 그대로 옷처럼 입고 움직이는 것으로 충분하다. 갑옷처럼 몸에 걸치고 팔다리를 움직이면 슈트가 똑같이 동작한다. 그만큼 편하고 사용하기 쉬우므로 다양한 용도로 활용할 수 있다. 강화복은 로봇 슈트라고 부르기도 하지만 로봇은 아니다. 사람이 입었을 때 비로소 작동하고 그 능력을 발휘하는 도구다. 사람이 입고 활동하는 도구이기 때문에 혹시라도 인공 지능이 반란을 일으켜서 인간을 해치는 상황도 피할 수 있다.

초인이 되는 것 말고도 강화복의 쓸모는 매우 다양하다. 힘을 세게 만들어주니 공사장이나 짐을 나르는 곳에서도 도움이 되겠지만 의료용 기기로도 각광을 받는다. 병에 걸리거나 나이가 들면 다리가 약해져 제대로 일어서기 힘들고 잘 걸을 수도 없다. 하지만 강화복을 입으면 그런 사람도 일어서서 달릴 수 있다. 지팡이 없이는 서지 못하는 노인도 마음껏 등산을 즐기고 여행을 다닐 수 있다. 노인이 많은 일본에선 강화복 할HAL을 구입할 때 의료 보험이 적용된다. 나아가 생각만으로 강화복을 움직일 수 있게 된다면 토니 스타크의 친구인 로디(워 머신)의 다리에 장착한 보조 장비처럼 몸이 마비된 이들의 의족으로도 쓸모가 있을 것이다.

강화복을 사용할 때는 조심해야 한다. 힘이 세지는 만큼 자칫 다른 사람을 다치게 할 가능성이 있기 때문이다. 〈아이언맨〉에서 주인공은 똑같이 강화복을 입은 악당에 맞서 싸운다. 식칼도 악당이 사용하면 흉기가 되듯이 강화복 역시 누가 사용하느냐에 따라서 슈퍼 히어로도, 슈퍼 악당도 될 수 있다.

언젠가 강화복을 입은 악당이 사람들을 위협하고 해칠지도 모른다. 하지만 자동차가 사람을 다치게 한다고 해서 나쁜 물건이 아니듯 강화복도 마찬가지다. 그것을 악용하는 사람, 남용하는 사람이 나쁘다. 그런 악당이 나타나면 틀림없이 강화복을 입은 영웅이 세상을 구할 것이다. 전쟁 무기를 만들던 토니 스타크가 아이언맨이 되어 세상을 구한 것처럼 강화복은 악에 맞설 용기를 가진 사람에게 힘을 가져다주는 아이템, 과학의 힘으로 작동하는 기적의 도구이니까.

마블 시네마틱 유니버스의 시작을 알린 〈아이언맨〉은 1963년 스탠 리 등이 기획해 제작한 슈퍼 히어로물이다. 당시 미국은 소련에서 최초의 인공위성인 스푸트니크를 발사한 후로 두려움에 떨고 있었는데, 이러한 분위기 속에서 과학을 이용하는 영웅이 필요하다고 생각해 기획한 것이 바로 천재 공학자 토니 스타크가 강화복을 입고 활약하는 아이언맨이다. 아이언맨은 기존의 여러 영웅과 달리 인간이 강화복을 입고서 강해진 형태다. 강화복을 입으면 누구나 아이언맨의 능력을 가질 수 있지만 그만큼 책임과 의무도 따른다는 것을 느끼게 하는 작품이다.

로버트 하인라인은 소설 『스타십 트루퍼스』에서 마치 옷처럼 편하게 입을 수 있으면서 무적의 초인이 될 수 있는 장비로서 강화복을 등장시켰는데, 병사 개개인의 의무와 책임을 강화함으로써 하인라인이 생각하는 이상적인 군인(시민)을 구현하기 위함이었다. 강화복을 입은 병사는 더 강력하고 많은 무기를 들 수 있으며 우주 공간에서도 엄청난 무게의 생명 유지 장치를 착용하고 자유롭게 활동할 수 있다(아폴로 우주복은 140킬로그램에 달한다). 아이언맨처럼 인공 지능 지원 장비까지 갖추면 혼자서도 주변 상황을 확인하고 작전을 수행할 수 있으며, 멀리 떨어진 동료와 대화를 나누며 대규모 작전을 진행할 수 있다.

이 같은 강화복은 미국 등 많은 나라의 군대에서 도입 시험을 진행하고 있지만, 그보다는 의료나 건설 등 민간용으로 좀 더 다양하게 개발이 이루어지고 있다.

2장
진화하는 인류, 우리 곁에 다가온 슈퍼 히어로

거대 로봇이 바꾸는
미래의 삶

3

〈레스톨 특수구조대〉

가까운 미래에 무질서한 개발과 환경 파괴로 세계 각
지에서 재해가 늘어난다. 거듭되는 대형 재해와 참사
에 대처하고자 사람들은 기상 이변을 막기 위한 계획
을 세우는 동시에 구조용 로봇 부대를 설립해 운용한
다. 이름하여 레스톨 특수구조대가 탄생한 것이다. 다
섯 기의 구조용 로봇과 이들을 조종하고 빠르게 운송
하는 대원들은 재난으로부터 사람들을 구조하는 한
편, 기상 이변을 막는 계획에도 협력해 세상을 구하고

자 한다. 과연 그들은 지구와 인류를 구할 수 있을까?

〈레스톨 특수구조대〉는 한국에서 만든 로봇 애니메이션이다. 일반적으로 만화에 나오는 거대 로봇이라면 적과 싸워서 물리치고 파괴하는 역할이 대부분이지만, 이 작품에선 전투가 아니라 인명 구조 작업에 초점을 맞추었다. 주요 내용은 '경혈'이라고 불리는 지구의 에너지 포인트를 찾아가면서 한편으로는 이를 이용해 세계를 정복하려는 이들에 맞서는 이야기다. 그러한 와중에서 각지에서 벌어지는 재난으로부터 사람들을 구하는 것이 흥미롭다.

레스톨 로봇은 모두 다양한 구조 활동에 특화되어 만들어졌다. 생존자를 추적하기 위한 감지 장치나 플래시를 기본으로 장비하고, 소화탄이나 냉동탄을 발사해 불을 끌 수 있다. 유사시에는 장비 전송 시스템을 이용해 구급 장비가 담겨 있고 사람을 실을 수 있는 구조 캡슐이나 구조 매트 등 상황에 필요한 장비를 추가로 전달받아 사용한다.

로봇의 키는 6미터 정도로 거대 로봇 중에선 비교적 작은 편에 속하기 때문에 한 번에 많은 사람을 구조할 수는 없다. 하지만 재난 현장에 되도록 가까이 접근해서 화재나 붕괴 같은 상황을 막고 구조대가 도착할 때까지 시간을 끌어준다. 그만큼 많은 사람을 안전하게 보호할 수 있다. 실제로 이런 로봇이 있다면 재난 현장에서 살아남는 사람도 늘어날 것이다. 재난 피해자만이 아니라 그들을 구조하러 나선 사람도.

현실에서도 위험한 재난 현장에선 로봇이 사용되고 있다. 가령 지진이나 붕괴 사고가 일어났을 때 사람이 들어가기 힘든 틈새로 작은 로봇을 집어넣어 생존자를 찾는 모습을 종종 볼 수 있으며, 최근에는 드론을 이용해 주변을 관찰하고 수색하기도 한다. 물론 재난 현장만이 아니라 피라미드 같은 고대 유적 탐사 등에서도 로봇의 활약은 이어진다.

로봇을 사용하는 것은 단순히 성능 때문만이 아니다. 재난 현장은 피해자뿐만 아니라 구출하는 사람에게도 위험하다. 큰 사고가 날 때마다 소방관이 다치거나 사망했다는 이야기가 종종 들려온다. 그만큼 재난 현장은 위험하며 어떤 일이 일어날지 모른다. 이를 위해 세계 각지에선 소방관이나 구조대에게 다양한 장비를 지급하고자 한다. 하지만 어떤 장비도 무너지는 지붕이나 뜨거운 화염을 막아주기에는 충분하지 않다. 금방이라도 무너질 듯한 건물, 불길에 휩싸인 빌딩에서 활동하기에는 부족하다. 그런데도 그 안에 있을지도 모르는 생존자를 위해 소방관들은 목숨을 걸고 뛰어든다. 로봇은 바로 이러한 상황에 도움이 된다. 사람이 들어가기에 좁거나 금방이라도 무너질 듯한 건물이라면 작은 로봇이 들어가는 게 더 좋을 수 있다. 튼튼하게 만든 로봇이라면 불길에 휩싸여도 큰 문제가 없는 데다 최악의 상황에서도 소방관이 희생되는 일은 막을 수 있다.

　　그러나 로봇도 만능은 아니다. 일단 인간보다 판단력이 떨어지고 울퉁불퉁한 바닥에서 빠르게 움직일 수도 없다. 게다가 작은 로봇이라면 그만큼 힘도 약할 것이다. 반면, 레스톨 로봇처럼 사람이 탑승하게 만들어진 로봇은 인간의 판단력과 강력한 힘으로 재난 현장에서 활약하게 된다. 실제로 외국에선 이 같은 로봇이 개발되고 있다. 일본이 만든 'T-52 엔류円竜'라는 로봇은 포클레인에 팔을 단 것처럼 생겼는데, 이 두 개의 팔로 무언가를 나르거나 무너질 듯한 벽을 받칠 수 있다. 팔 하나당 500킬로그램의 물체를 들 수 있으며 합치면 1톤으로 그다지 강하지 않아 보일지도 모르지만, 부서진 자동차를 들어 올리거나 잔해를 치우기에는 충분하다. 게다가 사람이 타지 않아도 멀리서 원격 조종이 가능하기 때문에 더욱 안전하다. 그 밖에

2장
진화하는 인류, 우리 곁에 다가온 슈퍼 히어로

도 로보키유Robokiyu처럼 재난 현장까지 접근해 쓰러진 사람을 내부에 싣고 탈출하는 로봇도 개발하고 있다. 역시 원격 조종이 가능한 만큼 구조자도 안전하게 임무를 수행할 수 있다.

거대 로봇은 〈아이언맨〉의 로봇 슈트처럼 손쉽게 조종할 수 없고 덩치도 커서 제약이 많지만 재난 현장이나 건설 현장, 각종 시설에서 다양한 역할을 할 수 있다. 인간의 손처럼 자유롭게 다룰 수 있는 집게가 있어서 포클레인이나 불도저 같은 건설 장비보다 훨씬 자연스럽게 여러 작업을 할 수 있다(거대 로봇 레이버가 널리 활용되는 만화『기동경찰 패트레이버』에선 손의 움직임을 따라 하는 장치인 데이터 글러브를 이용해서 와이어를 묶는 장면이 등장한다). 실제로 거대 로봇까지는 아닐지라도 인간의 손을 연장하는 매직 핸드 같은 장치가 개발되어 조금씩 보급되고 있다. 언젠가 T-52 엔류 같은 거대 로봇이 현장에 투입되는 일도 멀지 않았다.

강화복과 마찬가지로 거대 로봇도 악용될 가능성은 있다. 인간이 탑승하는 원조 거대 로봇 작품인 〈마징가 Z〉에서 마징가를 개발한 가부토 주조 박사(주인공 가부토 고지[한국명: 쇠돌이]의 할아버지)는 주인공에게 "마징가가 있으면 너는 신도 악마도 될 수 있다"고 이야기한다. 실제로 주인공은 마징가를 제대로 조종하지 못해서 도시를 파괴하고 만다. ‹기동경찰 패트레이버›에선 레이버가 악용되는 범죄가 늘어나면서 이에 대항하기 위한 경찰 조직이 만들어진다. 엔류처럼 원격 조종이 가능한 거대 로봇이라면 이러한 위험은 더욱 커질지도 모른다. 조종사가 나쁜 마음을 먹을 수도 있지만 거대 로봇 만화의 원조 격인『철인 28호』에서처럼 테러 조직이 원격 조종을 할 수 있는 리모컨을 빼앗아서 악용할 가능성도 있다.

　　거대 로봇은 강력한 힘을 가진 만큼 위험도 커지게 마련이다. 하지만 반대로 그 힘을 활용해 슈퍼 히어로로 활약할 가능성도 있다. 레스톨 같은 만능 구조 로봇이 개발된다면 재난 피해도 줄어들고, 소방관을 포함한 더 많은 사람이 생존하게 될 것이다.

　　하지만 장비가 아무리 훌륭해도 재난의 위험은 사라지지 않으며 사람들이 죽고 다치는 건 결코 막을 수 없다. 그런 만큼 재난 구조 능력 도 중요하지만 그 이상으로 재난 자체를 막아내는 기술을 개발하고 활용하는 일에 힘을 쏟아야 할 것이다.

2장
진화하는 인류, 우리 곁에 다가온 슈퍼 히어로

〈레스툴 특수구조대〉는 1999년 서울무비가 제작한 한국 애니메이션(KBS에서 방영)으로, 20년이 넘게 지난 지금도 한국 최고의 애니메이션 작품으로 손꼽히는 명작이다. 전투가 아닌 구조를 소재로 했다는 점에서 참신하고 흥미로운 작품으로, 일본에도 수출되어 호평을 받았다.

2D 동화와 3D 모델을 합성해 만든 국내 최초의 장편 애니메이션으로 많은 화제를 모은 만큼 극장용 애니메이션을 제작할 예정이었지만 여러 문제로 취소됐다. 제작사인 서울무비도 사라졌고 DVD로도 제작되지 않아서 더욱 아쉬운 작품이다.

지상을 벗어나
하늘을 질주하는 영웅

‹캡틴 아메리카: 윈터 솔져›

©MARVEL

어벤져스는 악당에 맞서고자 강력한 힘을 지닌 슈퍼 히어로들이 손을 잡고 만든 팀이다. 아이언맨, 토르, 헐크 등의 영웅들은 대장인 캡틴 아메리카와 함께 세계 평화를 위해 싸운다. 하지만 캡틴 아메리카는 다른 영웅에 비해 조금 부족한 점이 있다. 헐크보다 힘이 약하고, 아이언맨처럼 광선을 쏘는 것도 아니다. 무엇보다 하늘을 날지 못한다. 강화복을 입은 아이언맨이 멋진 모습으로 하늘을 질주할 때 캡틴은 방패를 들고 뛰

진화하는 인류, 우리 곁에 다가온 슈퍼 히어로

어내릴 수밖에 없다. 낙하산도 없이 과감하게 하강하는 모습은 확실히 멋지지만, 하늘을 마음대로 날아다니는 것에 비해 폼은 안 난다.

그런 캡틴에게 든든한 동료가 생겼다. 구조대 출신의 샘 윌슨이다. 캡틴은 비행기 조종사로 알고 있었지만, 사실 그는 비행 슈트라고 불리는 개인용 장비를 타고 하늘을 날아서 사람을 구조하는 인물이다. 비행 슈트의 이름은 EXO-7 팔콘. 그래서 샘은 팔콘이라는 이름의 슈퍼 히어로가 된다.

팔콘의 능력은 대단하다. 새처럼 날개를 펼치고 하늘을 마음대로 날아다니며 총알을 피하고 날아차기로 적을 과감하게 날려버린다. 기관총을 가볍게 막아낼 정도로 튼튼한 날개에 미사일을 달고 적을 공격할 수도 있다. 아이언맨처럼 갑옷을 갖추지는 않았지만 하늘에서만큼은 정말로 매(팔콘)가 된 것처럼 멋지게 활약한다.

팔콘처럼 자유롭게 하늘을 날아다니는 능력은 악당과 싸우는 경우가 아니라도 큰 도움이 된다. 가령 고층 빌딩에 불이 나서 헬리콥터로 접근할 수 없을 때 팔콘이라면 가볍게 날아서 창문을 깨고 들어가 사람들을 구해낼 수 있다. 산에서 조난한 사람을 구출하거나 높은 곳으로 물건을 전해주는 등 많은 일을 할 수 있다. 그야말로 슈퍼 히어로로, 정의의 구원자가 되는 것이다.

　　팔콘은 아이언맨처럼 편하게 날 수는 없다. 로켓처럼 추진제를 뿜어내면서 자유롭게 떠다니는 아이언맨과 달리, 팔콘은 새나 비행기처럼 양력을 이용해서 비행한다. 양력은 물체를 공중에 띄우는 힘을 말한다. 날개처럼 아래가 평평하고 위가 둥근 물체에 바람이 지나가면 위쪽과 아래쪽 공기 밀도에 차이가 생긴다. 그리고 밀도가 높은 쪽에서 낮은 쪽으로 물체를 밀어내면서 하늘에 뜨는 것이다. 그렇기 때문에 팔콘은 아이언맨과 달리 공중에 가만히 떠 있지 못하고 항상 날아다녀야 한다. 그만큼 역동적이고 멋지게 보이지만 말이다. 반면, 아이언맨보다 훨씬 적은 동력으로도 하늘을 자유롭게 날아다닐 수 있다. 거대한 날개가 만드는 양력으로 몸을 띄우기 때문에 아이언맨처럼 계속 제트 추진을 하지 않아도 되며, 날개 크기에 따라서는 엔진이 고장 나도 글라이더처럼 내려올 수 있다.

　　실제로 사람이 팔콘처럼 작은 날개 하나로 하늘을 자유롭게 날아다닐 수 있을까? 사실은 혼자서 하늘을 나는 기술은 이미 다양하게 개발되어 있다. 아이언맨처럼 로켓 분사로 하늘에 떠오르는 개인용 로켓 팩도 있지만, 날개와 제트 엔진을 이용해서 하늘을 자유롭게 날아다니는 '퓨전맨'이라는 장비도 나와 있다.

스위스 출신 발명가 이브 로시가 만든 이 장비는 가벼운 탄소 섬유로 된 날개에 네 개의 제트 엔진이 달려 있다. 퓨전맨은 이 엔진을 이용해 고속 열차만큼 빠른 시속 300킬로미터 속도로 5분간 하늘을 자유롭게 날 수 있다. 아쉽게도 퓨전맨은 팔콘 슈트처럼 작고 가볍지는 않고 생각보다 크고 무겁다(크기 자체는 팔콘보다 크지 않지만 무게가 상당하다). 무엇보다 연료를 많이 넣을 수 없어서 고작 5분 정도밖에 날지 못한다. 팔콘처럼 캡틴 아메리카를 들고 비행하거나 악당을 채서 던져버릴 만큼 비행 능력을 발휘하지 못한다. 어디까지나 홀로 하늘을 질주할 뿐이다. 그래도 퓨전맨은 놀라운 존재다. 비행기나 헬리콥터를 타지 않고 사람이 하늘을 마음대로 날아다니는 것은 정말로 대단한 일이다. 이런 장치를 국가나 큰 회사가 아니라 개인이 발명했다는 사실은 더욱 놀랍다.

오랜 옛날 그리스 신화 시대에 이카로스라는 사람이 있었다. 그는 미노스의 미궁을 만들 정도로 뛰어난 발명가였던 아버지 다이달로스가 만든 날개를 이용해 하늘을 날았다고 한다. 새의 날개를 밀랍으로 붙여서 만든 비행 장치로 하늘 높이 날아오른 것이다. 비록 태양의 열기로 접착제가 녹는 바람에 떨어져 죽고 말았지만, 그가 남긴 하늘을 나는 꿈만큼은 사라지지 않았다. 이카로스 이후로 수많은 사람이 하늘을 나는 일에 도전했다가 다치거나 죽었다. 그래도 포기하지 않았기에 지금 우리는 비행기를 타고 세계를 돌아다닐 수 있게 됐다.

오래지 않아 팔콘처럼 가볍고 날렵하게 하늘을 나는 영웅이 등장할지도 모른다. 영화 속 팔콘처럼 높은 곳에서 사람을 구하고 악당을 물리칠 것이다. 혹은 날개를 달고 하늘을 날아서 회사나 학교에 갈지도 모른다. 모두가 팔콘이 될 수 있는 시대. 그때는 하늘의 교통정리가 필요할 수도 있다. 언젠가 등장할 팔콘 슈트. 과연 우리는 어떻게 사용하게 될까?

2장
진화하는 인류, 우리 곁에 다가온 슈퍼 히어로

이카로스의 이야기처럼 인류는 오래전부터 히늘을 나는 꿈을 꾸었다. 로마 시대의 그리스 작가인 루키아노스는 「이카로메니포스icaromenippus」라는 작품에서 메니포스라는 주인공이 날개를 이용해 달까지 날아가는 이야기를 쓰기도 했으며 『아라비안나이트』에선 신드바드가 로크라는 거대한 새에 매달려 계곡에서 탈출한다.

이러한 이야기에 매료된 사람들은 날개를 만들어 하늘을 날려고 시도했지만, 대부분 다치거나 죽고 말았다. 특히 새를 그대로 모방하고자 했던 시도는 모두 실패했는데, 이는 항공 공학에 대한 지식 없이 단순히 모방하려고만 했기 때문이다. 우선, 사람은 새보다 훨씬 무거워서 거대한 날개가 필요한데, 그만큼 큰 날개를 칠 힘이 없다는 문제가 있다. 아랍의 한 발명가는 이런 점을 고려해 큰 날개 모양의 글라이더를 만들었지만, 꼬리 날개를 달지 못해 균형을 잡지 못하고 추락해 사망했다. 또한 르네상스 시대의 발명가 레오나르도 다빈치는 여러 비행기구를 고안했지만 실제로 완성하지는 못했다.

한편 1783년 프랑스의 몽골피에 형제가 열기구로 비행에 성공하면서 기

페테르 파울 루벤스의 「이카로스의 추락」.
이 신화는 하늘을 향한 꿈과 비극을 전해주었다.

구 열풍이 일어났고, 기구를 타고 달에 가거나(에드거 앨런 포의 「한스 팔의 환상 모험」) 아프리카를 여행하는 이야기(쥘 베른의 「기구를 타고 5주간」)가 유행했다.

프로이센의 발명가 오토 릴리엔탈은 최초의 글라이더를 만들어 비행에 성공하면서 비행기의 실용 가능성을 열었다. 비록 1896년 비행 실험 도중 강풍으로 추락해 사망했지만, 그가 남긴 여러 실험 자료는 이후 비행기 개발에 활용됐다. 1903년에는 라이트 형제의 플라이어 1호가 최초의 동력 비행에 성공하면서 하늘을 향한 여정이 본격적으로 펼쳐졌고, 인류는 현재 로켓을 거쳐 우주로 나아가고 있다.

2장
진화하는 인류, 우리 곁에 다가온 슈퍼 히어로

투명 인간은 존재하는가?
광학 위장 기술의 가능성

『공각기동대』

『공각기동대』는 가까운 미래를 무대로 한 SF 만화다. 2029년, 네트워크 기술이 발달해 인간은 모든 일을 컴퓨터 네트워크를 사용해서 할 수 있게 됐다. 동시에 의체라고 불리는 사이보그 기술 덕분에 나이와 성별을 벗어나 원하는 외모로 활동하게 됐다.

놀라운 것은 그것만이 아니다. 모습이 보이지 않고 심지어는 무게조차 측정할 수 없게 만드는 특수한 옷, 바로 투명 인간 슈트가 등장한다(작품 속에선 '광학 위장 기술'이라고 부른다). 주인공 쿠사나기 모토코(소령) 뿐만 아니라 악당과 경쟁자도 이 슈트를 사용해서 모습을 감추고 활동한다. 빗속이나 물속에서 윤곽이 드러나긴 하지만 소리만 내지 않으면 바로 옆에 있어도 보이지 않는다. 심지어 엘리베이터 안에 함께 타고 있는데도 알 수 없다. 그야말로 환상적인 옷으로 스파이 활동에는 최적의 아이템이 아닐 수 없다. 그런데 실제로 이러한 투명 인간 기술은 가능한 것일까?

투명해서 보이지 않는 사람은 『도깨비 감투』 같은 옛날이야기에 종종 등장하는데, 그것이 과학적으로 관심을 받기 시작한 것은 영국 작가 H. G. 웰스가 쓴 소설 『투명 인간』이 나오면서였다. 작품 속에서 주인공은 추한 외모를 감추고자 투명 인간이 됐지만 점차 나쁜 짓을 하게 되고 사람들에게 쫓기게 된다. 『투명 인간』은 많은 사람을 놀라게 했고 <할로우 맨> 같은 영화로 이어져 투명 인간에 대한 공포를 안겨주었다. 평소엔 붕대를 감고 있지만 그것을 풀면 형체가 보이지 않고, 식사할 때 음식이 공중에 붕 떠 있다가 점차 사라지는 모습은 정말로 무시무시한 연출이었다.

『투명 인간』에서 주인공은 약을 이용해서 몸을 투명하게 만든다. 신체 세포만 투명해지므로 남의 눈에 띄지 않으려면 옷을 벗어야만 한다. 아무리 추운 날에도 속옷 하나 걸칠 수 없다. 춥고 위험하기 이를 데 없다. 여기에 자기 몸도 볼 수 없으니 물건을 집는 일도 쉽지 않다. 도대체 내 손이 어디에 있는지 알 수 없기 때문이다. 물론 물건은 투명해지지 않으니 총이나 칼 같은 무기나 돈조차 갖고 다닐 수 없다.

신체 세포가 투명해진다는 것은 내게도 아무것도 보이지 않는다는 말과 같다. 우리가 뭔가를 볼 수 있는 것은 빛이 눈에 들어와 부딪치기 때문인데 눈이 투명해진다면 빛이 그냥 통과해버릴 것이다. 이래서는 투명해져 봐야 의미가 없다.

『공각기동대』에서 '광학 위장(광학 미채)'이라고 부르는 기술은 조금 다른 방식으로 작동한다. 이는 『해리 포터』 속 투명 망토처럼 몸에 뒤집어쓰면 그 안의 모든 것을 보이지 않게 해주는 기술로, 당연히 옷도 입을 수 있을 뿐만 아니라 총이나 칼 같은 무기도 지닐 수 있다. 상대에게는 내가 보이지 않지만, 나는 나를 볼 수 있다. 눈이 투명해지지 않기 때문에 주변을 보는 데도 문제가 없다. 그야말로 무적의 망토, 놀라운 발명품이다.

『공각기동대』에서는 특수한 물질을 이용해 빛을

왜곡하거나 산란시켜 투명한 상태가 된 것처럼 만든다. 적외선으로도 감지할 수 없으며, 해킹 기술로 무게를 감지하는 센서나 금속 탐지기 등도 무력화해서 안 보이게 한다. 냄새는 감출 수 없는 만큼 경비견은 피할 수 없지만, 평범한 경비는 손쉽게 피할 수 있다.

이러한 기술은 실제로도 연구 중이며 군사 목적으로 다양하게 활용될 가능성이 있다. 가령, 영화 <스파이더맨: 파 프롬 홈>에서처럼 작은 드론에 광학 위장 기술을 적용하면 남들에게 들키지 않고 암살이나 감시를 할 수 있다.

민간에서도 다양한 방식으로 연구가 진행되고 있다. 가장 간단한 기술로는 '투명 망토'라는 특수한 물건을 뒤집어쓰고 카메라와 스크린을 사용해서 망토 위에 배경을 비추는 방식이 있다(일본에서 이 기술을 개발한 사람은 『공각기동대』를 보고 영감을 얻었다고 한다). 군인이 나무와 비슷한 무늬의 군복을 입고 모습을 감추거나 갑오징어와 카멜레온이 주변과 같은 보호색을 띠는 것처럼 몸에 배경을 그려서 위장하는 것이다.

이 같은 위장 기술은 만화에서처럼 완벽히 투명하게 만들지는 못한다. 몸에 윤곽이 있고 계속 움직이는 만큼 아무리 완벽하게 배경을 그리더라도 왜곡이

2장
진화하는 인류, 우리 곁에 다가온 슈퍼 히어로

생길 수 있기 때문이다. 조금만 신경 쓰면 눈에 띄고 가까이 다가가면 모습이 간단히 드러난다. 게다가 빛이 아니라 적외선이나 레이더 등을 사용하면 더욱 쉽게 발견되는 단점이 있다(적외선 센서나 레이더를 피하는 기술도 존재한다). 그래도 어느 정도 거리가 떨어져 있고 유심히 지켜보지 않으면 발견하기 어렵다. 기술이 발전할수록 투명 망토의 완성도는 더욱 높아질 것이다.

투명 슈트가 구현되면 세상은 어떻게 달라질까? 흔히 투명 슈트는 전쟁이나 스파이 작전, 마술 같은 곳에만 쓰인다고 생각하기 쉽다. 하지만 무언가를 투명하게 만들어서 가려진 부분을 보이게 하는 기술은 많은 곳에서 사용된다. 이를테면 자동차 벽을 투명하게 바꾸어서 후진할 때 뒤에 무엇이 있는지 볼 수 있고, 비행기가 착륙할 때 주변을 보여주어서 더 안전하게 착륙하는 데 응용할 수 있다. 게다가 강사라면 좁은 곳에서도 몸으로 칠판이나 화면을 가리지 않고 강의할 수 있다.

투명 슈트는 남을 몰래 쫓아가거나 엿보는 범죄에 사용될 수도 있다. 그렇지만 개발을 중단할 수는 없다. 그 기술은 이미 널리 알려졌고 다양하게 개발되고 있기 때문이다. 그러니 투명 슈트가 악용될 상황만을 걱정하기보다는 그 기술을 잘 이해해서 좋은 곳에 쓰는 게 낫지 않을까? 『공각기동대』에서 주인공이 이 기술을 활용해 범죄에 맞서듯이 말이다.

2장
진화하는 인류, 우리 곁에 다가온 슈퍼 히어로

『공각기동대』는 시로 마사무네의 만화다. 1989년에 만화로 처음 제작된 이후, 극장판 애니메이션(1995)을 거쳐 TV 시리즈, OVA 시리즈 등 다양한 형태로 만들어졌다. 이 작품의 특징은 인간과 인공 지능을 영혼(고스트)이라는 존재로 구분한다는 점이다. 영어 제목은 '껍데기 속의 영혼'이란 뜻인데, 기계 몸(의체)이라는 껍데기에 담긴 인간의 영혼(고스트)이라는 설정을 잘 보여준다.

시로 마사무네는 이 작품을 통해 사이버네틱스 기술이 발달한 미래 세계의 삶을 충실하게 그려냈다. 그의 상상력은 다른 작가에 의해 새롭게 해석되어 여러 작품으로 만들어졌으며, <매트릭스> 같은 작품에 영감을 주기도 했다. 지금도 『공각기동대』 시리즈는 계속 제작되는 등 30년도 전에 시로 마사무네가 선보인 상상력의 원천은 아직 바닥나지 않았다.

6 생각만으로 물체를 움직인다?
미지의 힘, 염력

〈염력〉

한 평범한 사람이 영웅이 된다. 하늘에서 떨어진 운석의 신비한 기운이 스며든 약수 덕분에 초능력을 쓸 수있게 됐다. 손을 뻗기만 해도 멀리 떨어진 물체를 자유롭게 움직일 수 있는 능력, 바로 염력이 생겨난 것이다. 힘을 얻은 주인공은 염력으로 돈벌이를 하려고 생각하지만, 하나뿐인 가족이 위기에 처하자 사람들을위해 힘을 쓰기로 한다. 하지만 강력한 힘을 가졌음에도 불구하고 상황은 잘 풀리지 않는데⋯. 과연 주인공은 위기를 해결할 수 있을까?

〈염력〉은 어느 날 갑자기 초능력을 얻게 된 수인 공이 그 능력으로 사건을 해결하는 이야기다. '초능력'은 인간의 힘을 넘어선 어떤 능력을 가리킨다. 남보다 좀 더 뛰어난 재능이나 노력으로 얻을 수 있는 능력이 아니라 보통 사람은 어떤 방법으로도 얻을 수 없는 특수한 힘이다. 우사인 볼트가 100미터를 9초대에 뛰는 것은 분명히 놀랍지만, 우리는 그것을 초능력이라고 부르지 않는다. 과학적으로 인간의 달리기 한계는 8초 대이기 때문이다(이 예상 시간은 조금씩 줄어들고 있다). 100미터를 5초나 6초대에 뛴다면 그건 초능력이라고 부를 수 있을지도 모른다. 하지만 이 영화에서 말하는 초능력은 그보다 훨씬 대단한 무언가다. 인간에게는 절대로 불가능한 어떤 능력. 아니, 현대 과학으로는 재현할 수 없는 미지의 힘이다.

초능력에는 여러 종류가 있는데 그중에서 주인공이 가진 능력은 생각만으로 물체를 움직인다고 해서 '염동력psychokinesis, PK' 또는 '염력'이라고 부른다. 염력은 어떠한 물리적 에너지도 사용하지 않고 생각만으로 물체에 힘을 가하는 능력이다. 생각만 해도 물체가 공중에 떠오르거나 구부러지고, 심지어 산산조각이 나기도 한다. 염력은 픽션에 나오는 초능력 중에서 가장 흔한 개념이다. 물체를 공중에 띄우기만 하면 되니 표현하거나 이해하기 쉽고 이야기에 녹여내기 편리하다.

염력의 힘은 보통 사람의 그것보다 훨씬 강하다. 평범한 사람은 쌀 한 가마니도 들기 어렵지만 염력으로는 자동차나 탱크, 건물까지도 들어 올릴 수 있다. 여러 개를 동시에 들어 올리는 일도 가능하다. 공중에 떠오른 사람 주변에 거대한 물건이 떠올라 빙글빙글 돌아가는 것, 그야말로 염력을 활용한 인상적인 연출이다.

염력은 남에게 들키지 않고 사용할 수 있는 능력이기도 하다. 생각만으로 물체에 힘을 가할 수 있다는 건 누가 그 행동을 했는지 숨길 수 있다는 것이다. 다가가지 않고도 물체를 움직일 수 있으니 남에게 들키지 않고 물건을 충분히 빼낼 수 있다. 마음먹기에 따라선 완벽한 살인도 가능하다. 홀로 있던 방에서 칼에 찔려 죽거나 목욕하다가 움직이는 물에 질식사하고 아무것도 없는 데서 발이 걸려 넘어져 죽을 수도 있다. 코난이나 김전일도 해결할 수 없는 완벽한 범죄도 꿈은 아니다. 아니, 살인이라고 생각하지 못하게 만들 수도 있다. 가령 심장에 가볍게 힘을 주기만 해도 심장이 멈추어버릴 테니 말이다.

　일반적으로 염력은 눈으로 본 것에만 힘을 발휘할 수 있다고 하지만(게다가 영화에선 손을 뻗어야만 하지만) 그렇다고 안심할 수는 없다. 어떻게든 보기만 하면 된다는 것이고, 눈으로 보건 카메라로 보건 염력이 작용하는 곳에선 무적이기 때문이다.

　다행히도 염력은 실제로 존재하지는 않는다. 현대 과학으로 볼 때 생각만으로 힘을 가하는 것은 불가능하다. 어떤 물체를 움직이려면 그만큼 에너지가 필요하다. 물체를 들어 올리려면 그 물체의 중량에 해당하는 만큼의 위치 에너지가, 물체를 빠르게 이동시키려면 그 중량과 가속도에 해당하는 만큼의 운동 에너지가 필요하다. 가령 염력이 뇌파로 뭔가를 움직이는 힘이라면 뇌파 자체에 엄청난 에너지가 필요하고, 몸에서 엄청난 힘이 발생해야 하니 당연히 금방 배도 고파질 것이다.

　멀리 떨어진 물체를 움직이는 일이 불가능한 것은 아니다. 중력이나 자력을 이용하면 떨어져 있는 물체에도 힘을 가할 수 있다. 언젠가 이런 과학의 힘으로 염력이 실현될지도 모른다. 그렇게 되면 세상은 굉장히 많이 달라질 것이다. 사람이 공중에 붕붕 떠서 날아다니고, 사고가 나도 금방 해결할 수 있다. '염력 사용에 주의하라'는 경고문이 거리에 붙어 있고, 염력 범죄에 맞서는 사람들이 활동하고…. 상상이 끊이지 않는다.

사람들은 왜 염력 이야기를 하는 걸까? 우리 힘으로는 어쩔 수 없는 현실을 바꾸고 싶은 마음 때문 아닐까. 눈에 보이지 않는 힘으로 뭔가를 해결할 수 있다면 무엇이든 할 수 있다고 생각할 테니까.

하지만 염력으로도 해결할 수 없는 일이 있다. 영화에서 주인공은 딸과 사이가 좋지 않은데, 염력이 있다고 해서 사이가 좋아질 수는 없다. 염력은 굉장한 능력이지만 사람 마음을 뜻대로 움직이진 못한다. 결국, 멀리 떨어진 물체를 마음대로 다룰 수 있는 염력이 있다고 해도 사람 사이의 문제를 해결하는 것은 서로에 대한 마음이라는 걸 기억하자.

〈부산행〉을 연출한 연상호 감독이 2018년에 공개한 영화. 용산 참사를 모델로 한 듯한 철거민들의 상황을 배경으로 우연히 초능력을 얻게 된 주인공의 활약을 그려낸 작품이다. 한국에선 보기 드문 초능력을 가진 슈퍼 히어로로 이야기지만 만듦새가 부족해 좋은 평을 얻지 못했다. 특히 생각만으로 물체를 자유롭게 움직일 수 있는 염력(염동력)을 사용하는 장면이 많이 부족했다. 염력은 직접 손을 대지 않고도 멀리 떨어진 곳에서 물체를 움직일 수 있다는 점에서 위협적이면서도 재미있는 연출이 가능한데(가령, 사람을 날려버릴 필요 없이 걷고 있는 사람 발밑에 작은 구슬 하나를 옮겨놓는 것만으로도 갑자기 미끄러져 넘어지는 코믹한 장면을 만들 수 있다) 그러한 장점을 잘 살리지 못했다. 강제 철거와 관련한 사회 비판적 요소와 물체를 자유롭게 움직이는 염동력이라는 좋은 소재를 잘 살리지 못했다는 점에서 안타까운 작품이다.

초능력의 종류

초능력이란 인간의 능력을 넘어서 초자연적인 현상을 일으킬 수 있는 정신적인 힘을 말한다. 아래에 각종 창작 작품에 등장하는 대표적인 초능력의 종류를 나열해보았다. 이 밖에도 에너지 충격파나 회복 능력 등 다양한 초능력이 등장하는데, 이러한 능력을 연출할 때는 그 특성뿐만 아니라 제약(도달 범위, 위력, 사용 가능 조건, 위험성 등)에 관해서도 잘 생각해봐야 한다.

염력/염동력(Psychokinesis)
생각만으로 물체를 움직이는 능력.

정신 감응(Telepathy)
멀리 떨어진 사람에게 생각을 전하거나 다른 사람의 생각을 읽는 능력. 또는 다른 사람을 조종하는 능력.

순간 이동(Teleport)

짧은 시간 안에 멀리 떨어진 장소로 이동하는 능력.

염사(Thoughtography)

마음속에 떠올린 무언가를 필름이나 종이에 새겨 넣을 수 있는 능력.

사이코메트리(Psychometry)

손을 대는 등 접촉을 통해 물체의 정보를 알아내는 능력. 보통은 물체와 관련된 과거 일을 알아낸다.

투시/천리안(Clairvoyance)

보이지 않는 곳의 무언가를 볼 수 있는 능력. 멀리 떨어진 것만이 아니라 때로는 상자 안이나 벽 너머를 볼 수 있다. 납으로 투시를 막을 수 있다는 설정도 존재한다.

염화(Pyrokinesis)

연료나 발화 장치 없이 불을 붙이거나 높은 열을 내는 능력.

초감각적 지각(Extrasensory perception, ESP)

제육감. 시각, 청각 같은 기존의 감각 이외의 방법으로 정보를 얻는 힘. 정신 감응, 투시, 사이코메트리 등을 모두 포함한다.

2장

진화하는 인류, 우리 곁에 다가온 슈퍼 히어로

슈퍼 히어로
연대기

1. 슈퍼 히어로, 신화와 전설이 되다(Mythic Hero)

영웅 이야기는 일찍부터 대중에게 인기 있었다. 메소포타미아 최초의 영웅 '길가메시'를 시작으로 신화나 전설에서 수많은 영웅이 활약했다. 신화나 전설 속 영웅은 대개 신이나 신의 자손인 반신Demi-God이었다. 악마나 괴물을 물리치거나, 그에 필적하는 위업을 달성하려면 보통 인간으로는 어림도 없다는 생각이 반영됐기 때문일지도 모른다. 슈퍼 히어로의 전통은 아서왕 이야기 같은 전설을 거쳐 창작 작품으로 이어졌다. 그중에서도 『홍길동전』, 로빈 후드 이야기, 『수호전』 등 불의한 권력에 맞서는 영웅담이 특히 인기 높았다.

지혜로 승부를 겨루는 영웅들(Wicked Hero)

셜록 홈스는 19세기의 대표적인 히어로였다. 무술 대가지만 지혜로 승부를 겨루는 그는 바이올린 취미나 추리 중독자 같은 인간적인 요소를 겸비해 사람들을 매료했다. 인간적인 매력과 탁월한 추리력을 겸비한 홈스는 산업 혁명 이후 급격한 발전 속에 심해지는 빈부 격차와 '잭 더 리퍼'로 대표되는 강력 범죄자가 늘어나는 현실에 절망하던 사람들에게 희망을 주었다.

하지만 셜록 홈스라는 히어로의 매력은 그의 맞수라 할 만한 악당 앞에서 더욱 빛나게 마련이다. 홈스의 인기가 부담됐던 작가는 그를 없애고자 강적을 출현시켰는데, 그것이 바로 범죄계의 나폴레옹 제임스 모리아티였다. 그는 교수직을 가진 인물로 홈스처럼 지혜로 승부를 겨루는 배후 지배자였다. 둘의 대결은 라이젠바흐 폭포에서의 격투로 끝났으며, 이후 홈스는 모리아티의 잔당들과 위험한 싸움을 계속해야 했는데, 이는 슈퍼 빌런, 그리고 그 부하들과의 대결을 연상케 하며 재미를 주었다.

프랑스의 다크 히어로 아르센 뤼팽은 뛰어난 변장술과 탁월한 지혜, 그리고 과감한 결단력 등에서 홈스를 닮았지만, 동시에 주소 없이 '뤼팽 앞'이라고 쓰기만 해도 편지가 도착할 정도로 강력한 조직을 가진 범죄자다. 괴도 신사라는 별명 그대로 정중하고 예의 바른 태도를 보이지만, 때로는 비열한 범죄자의 면모를 드러내며 눈길을 끌었다.

2장
진화하는 인류, 우리 곁에 다가온 슈퍼 히어로

마스크를 쓴 영웅(Masked Hero)

20세기 초, 희곡『스칼렛 핌퍼넬』에서 프랑스 혁명 시대를 배경으로 누명을 쓴 사람을 영국으로 탈출시키는 비밀 조직이 등장했다. 이 조직의 보스 스칼렛 핌퍼넬은 아내조차 정체를 알 수 없는 베일에 싸인 인물이다. 귀족이지만 동시에 어린 시절의 상처로 주변 사람에게 바보 취급을 받는 이중 신분으로 '마스크를 쓴 영웅'의 원조가 됐다.

이후 캘리포니아에서 가면 쓴 검객이 활약하는 '조로' 시리즈나, 오슨 웰스가 목소리 연기를 한 라디오 드라마로 인기를 끈 <더 섀도>, 그리고 대재벌 브루스 웨인이 박쥐 옷

1934년에 영화로 제작된 <스칼렛 핌퍼넬>. 마스크를 쓴 이중 신분의 히어로를 잘 연출했다.

을 입고 활약하는 〈배트맨〉 같은 작품이 등장했다. 평소에는 권력과 재력은 있지만 어벙한 인물로서 밤이 되면 마스크를 쓴 채 홀로 활약하는 이들 '마스크를 쓴 영웅'들은 1차 대전이나 대공황 등 어려운 시기에 실의에 빠진 대중을 위로하며 인기를 끌었다.

대공황이 낳은 초인(Man of Steel)

유럽에서 인기를 끈 슈퍼 히어로물은 미국에서 만화 잡지를 통해 급격하게 발전했다. 미국에서 특히 슈퍼 히어로물이 인기를 끈 것은 '모든 것은 개인의 책임'이라는 의식이 강한 만큼 위기 상황에서 구세주를 바라는 경향이 높기 때문일지도 모른다.

1934년에 탄생한 '마술사 맨드레이크Mandrake the Magician'는 특수한 능력을 지닌 미국 만화 최초의 슈퍼 히어로였다. 그는 최면 솜씨로 인기를 끈 마술사이지만 최면술 외에도 변신, 순간 이동, 투명화 같은 기술로 갱단이나 미친 과학자, 사악한 초능력자 등 온갖 적에 맞선다.

1938년 〈액션 코믹스〉에서 선보인 슈퍼맨은 '슈퍼 히어로란 이런 것'이라는 기준점을 제시했다. 크립톤 행성 출신 외계인으로 초인적인 능력을 지닌 슈퍼맨은 열차를 막아서는 강력한 힘과 빌딩을 뛰어넘는 도약 능력을 갖췄다. 하

2장
진화하는 인류, 우리 곁에 다가온 슈퍼 히어로

| 만화 역사상 최초의 슈퍼 히어로 마술사 맨드레이크.

늘을 날고 눈으로 광선을 쏘며 입으로는 태풍 같은 바람을 불어 적을 공격한다. 슈퍼맨은 평소에는 클라크 켄트라는 다소 어벙한 기자로 활동한다는 점에서 비밀 신분을 가졌지만, 얼굴을 드러낸다는 점에서 '마스크를 쓴 영웅'과 차이가 있다. 신이라고 해도 좋을 만큼 절대적인 힘을 갖고 있지만 이를 뽐내지 않으며, 범죄만이 아니라 온갖 재난으로부터 사람들을 구한다. 고결한 아버지의 뜻에 따라 인류를 지키는 구원자이자 예수 그리스도를 모델로 한 듯한 슈퍼맨은 대공황과 넘쳐나는 범죄로 절망에 빠진 1930년대의 미국인에게 절대적인 구원자로서 인기를 끌었다. 다만 슈퍼맨은 외계인이고 매우 완벽한 존재라는 점에서 '구원자'는 될 수 있어도 '나

도 저렇게 되고 싶다'는 공감을 얻기는 어려웠다.

반면, 1939년에 등장한 '배트맨'은 비록 갑부 출신이지만 지구인이고 똑같은 범죄의 희생자라는 점에서 공감하기 쉬웠다. 주인공 브루스 웨인은 어렸을 때 부모님을 잃고 범죄를 증오하게 됐다. 박쥐를 무서워하던 그는 범죄자들도 자신처럼 두려워해야 한다는 생각에 박쥐 가면을 쓰고 고담(고모라와 소돔을 합친 이름)시의 어둠을 질주한다. 고담시 경찰은 대부분 부패하거나 무능한데, 이는 금주법이 시행되던 때 경찰 절반 정도가 뇌물을 받았던 당시 상황을 반영한 것이다. 믿을 수 없는 공권력과 끔찍한 범죄자, 이들에 의해 가족을 잃은 사람은 오직 자신의 힘만으로 복수할 수밖에 없다는 설정은 지금까지도 미국 시민들의 공감을 얻어 배트맨은 슈퍼맨을 넘어선 인기를 누리고 있다.

2차 세계 대전과 슈퍼 히어로(People's Hero)

제2차 세계 대전으로 히틀러라는 슈퍼 빌런에 맞서는 히어로들이 탄생했다. 성조기를 연상케 하는 복장의 '캡틴 아메리카'를 시작으로 유사한 애국자 설정 캐릭터가 수없이 생겨났고, 인류를 수호하는 구원자인 슈퍼맨조차 나치와 싸우는 상황. 프로파간다 히어로물은 전쟁 후엔 인기가 떨어져 연재가 중단됐지만, '나치를 물리치자'는 대중의 바람에 힘입어 상당

2장
진화하는 인류, 우리 곁에 다가온 슈퍼 히어로

한 성공을 거두었다.

한편 제2차 세계 대전이 일어나면서 사회 비주류였던 여성이나 흑인에게도 기회가 주어졌다. 수많은 남성이 전장으로 향하면서 여성이 일자리를 채웠고, 흑인이 군대에서 활약할 기회가 늘어나면서 이들을 대표하는 슈퍼 히어로가 탄생한다.

원더우먼은 여성들만 모여 사는 아마존족의 일원으로, 여왕이 만든 점토 조각에 신이 생명을 불어넣어 탄생한 영웅이었다. 전쟁 분위기 속에서 원더우먼은 캡틴 아메리카처럼 성조기 느낌의 옷을 입고 주로 추축국 관련 적들과 싸웠지만, 2차 세계 대전이 끝난 후엔 신화적 설정의 적들과 맞서며 여성을 대표하는 새로운 슈퍼 히어로로 환영받았다.

하지만 전쟁이 끝나고 일자리가 다시 백인 남성으로 채워지면서 원더우먼은 설 자리를 잃고 말았다. 옷 가게를 운영하며 드레스를 입고 연애 때문에 눈물 흘리는 인물, 아마존을 버리고 쫄바지 차림으로 중국 무술을 하며 첩보원으로 활동하는 원더우먼은 더 이상 슈퍼 히어로가 아니었다. 결국 원더우먼은 한참 후에야 새로운 모습으로 거듭난다.

흑인들도 영웅적인 활약으로 훈장을 받거나 하면서 '우리도 미국의 일원'이란 기대 속에 흑인을 대표하는 영웅 캐릭터를 바랐다. 하지만 흑인 주인공들이 활약하는 작품을 다룬

흑인 인권 운동의 일종이었던 〈올 니그로
코믹스〉. 흑인들이 자신의 유산에 대한 자부심을
담은 이 잡지는 백인의 방해로 실패한다.

잡지 〈올 니그로 코믹스All-Negro Comic〉(1947)는 1호를 끝으로
이어지지 못했다. 인기가 없어서가 아니라 백인 사업자들의
방해로 인쇄용 종이를 구할 수 없었기 때문이다.

　　사회에서 차별받은 여성과 흑인 히어로 작품이 왜곡되
고 실패한 사례는 대중의 바람이 슈퍼 히어로를 만들지만 '흑
인 영웅은 불쾌하다'거나 '여성다워야 한다'는 당대의 대중적
취향에만 휘둘리면 안 된다는 점을 잘 보여주었다. 미국에서
여성이나 흑인 슈퍼 히어로의 등장은 창작자들이 이것을 깨
달은 1960년대 말에야 다시 시작된다.

'세상이 어둠에 잠겼을 때 영웅이 등장한다'는 말처럼 영웅은 대중의 바람에 의해서 탄생한다. 일찍이 신화와 전설 속 영웅들이 그랬고, 홈스나 뤼팽, 조로도 마찬가지였다. 슈퍼맨이나 배트맨, 원더우먼, 캡틴 아메리카에 이르기까지 힘든 현실 속에서 사람들이 세상을 구하는 존재를 바라면서 히어로 캐릭터가 만들어졌다.

하지만 조금은 다른 방향성을 생각한 이들이 있었다. 18세의 젊은 나이에 타임리 코믹스(훗날 마블 코믹스)의 편집장을 맡은 스탠 리가 그중 하나였다. 다양한 만화를 보면서 현실적인 인물이 필요하다고 생각한 그는 뉴욕 같은 현실 세계를 무대로 생계를 걱정하는 등 평범한 모습의 슈퍼 히어로를 선보인다. 그중에는 『판타스틱 4』의 더 씽이나 헐크처럼 겉모습으론 도저히 영웅이라고 할 수 없는 인물도 있었다. 나아가 슈퍼 히어로 설정에 과학 요소를 결합해 그럴듯함을 더했다. 실험 중 일어난 사고로 힘을 얻은 헐크나 판타스틱 4, 강화복을 입는 아이언맨 같은 캐릭터는 소련과의 과학 경쟁에 나선 미국인의 마음을 사로잡았다.

가장 성공적인 캐릭터는 어린 나이에 슈퍼 히어로로서 책임을 짊어진 청소년 피터 파커였다. 방사능 실험 중이던 거미에 물려 능력을 얻게 된 그는 처음엔 그 힘에 취해 멋대로 행동하지만, 사랑하는 삼촌이 죽으면서 반성한다. "큰 힘에는 큰 책임이 따른다." 수많은 슈퍼 히어로의 의식을 관통하는 대사는 이렇게 탄생했다.

이후 스탠 리는 '데어데블' 같은 새로운 히어로를 창조하는 한편, 프로파간다 캐릭터로 시작해서 연재가 중단됐던 캡틴 아메리카를 '자신이 생각하는 올바름'을 추구하는 새로운 캐릭터로 재탄생시키며 마블 코믹스의 인기를 이끌었다.

"그들은 원래부터 그러했다."(Birth of X-Men)

1963년에 스탠 리가 선보인 새로운 시리즈 『엑스맨』은 슈퍼 히어로가 세상을 구하는 이야기가 아니었다. 그것은 인종과 종족, 그리고 차별과 평등에 관한 이야기였다. 엑스맨의 인물들은 '엑스 인자'라고 불리는 유전자에 의해 특별한 능력을 얻었는데, 이것 때문에 인류 사회에서 차별받는다. 외계인도 아니고 스스로 선택하거나 마법이나 과학 실험 사고로 얻은 힘도 아니고, 단지 그렇게 태어났다는 이유 하나만으로 차별받는 그들은 인간과 대립하고 갈등한다.

그 결과, 그들은 둘로 나뉜다. 인간을 물리치고 자신들만의 이상 세계를 세우자는 매그니토와 인간과 공존하며 이해시켜야 한다는 프로페서 X. 두 지도자를 따르는 이들은 각자의 목적을 위해 싸운다. 스탠 리가 "그들은 원래부터 그러했다"라고 말했듯이 이들은 미국에서 차별받는 인종의 상징이었고, 두 지도자는 당시 흑인 인권 운동의 주역 두 명을 모델로 한 인물이었다.

한 청소년이 힘에 대한 책임을 깨닫고 슈퍼 히어로로서 자각하는 『스파이더맨』이나 인종 차별 이야기를 담은 『엑스맨』은 액션 오락물로만 인식됐던 슈퍼 히어로물에 '정신'이 필요함을 느끼게 했다. 이후 미국의 슈퍼 히어로는 더욱 다양해졌다. 제4의 벽을 깨는 '데드풀' 같은 4차원 캐릭터가 나오고, 슈퍼 빌런에 초점을 맞춘 『원티드』, 평범한 소년이 코스튬 의상을 입고 활동하는 『킥 애스』까지 다양한 작품이 이어지고 있다. 심지어 슈퍼 히어로로 인해 미국이 독재 국가로 변하는 『왓치맨』이나 소련에 도착한 슈퍼맨이 공산주의 독재자로 군림하는 작품 『슈퍼맨: 레드 선』처럼 슈퍼 히어로의 부정적인 면을 보여주는 작품도 눈에 띈다.

영웅 또는 구세주를 원하는 대중의 바람이 만들어낸 슈퍼 히어로물에서는 '올바른 사회'에 대한 고민이 엿보인다. "왜 그렇게 코믹스에서 도덕이니 윤리니 떠들며 머리 아프게 하냐"는 독자의 질문에 대해 "코믹스가 재밌다고 해서 그걸 읽는 동안 머리를 굴리지 않고 굳게 놔둘 필요는 없잖아요!"라고 했던 스탠 리처럼 대중의 바람에 휘둘리지 않고 사회에 대한 생각을 담은 것이다.

기독교적 구세주였던 슈퍼맨이 공산주의 독재자로
군림하는 『슈퍼맨: 레드 선』은 초인의 '정의로운 마음'에만
의존하는 일이 얼마나 위험한지를 잘 보여준다.

최근 미국 내 인종 차별 분위기가 고조되면서 주목받
는 캐릭터가 있다. '이슬람교도는 히틀러와 손잡은 악당'이
라며 이슬람 차별을 선동하는 버스 광고 위에 덧칠되면서
더욱 주목받은 그녀의 이름은 카말라 칸. 파키스탄 출신 무
슬림 여고생인 그녀는 최근 미국 청소년들 사이에서 가장
인기 있는 슈퍼 히어로 '미즈 마블'이다. 미즈 마블의 팬들은
무슬림 차별 주장에 대해서 그들이 가장 좋아하는 캐릭터를
앞세워 반대한 것이다.

슈퍼 히어로는 자신의 힘과 의지로는 어쩔 수 없는 위

차별을 그만두라는 정치적 주장에 활용된 슈퍼
히어로 미즈 마블(https://gizmodo.com)

험에 처한 대중이 바라는 구세주로서 탄생했다. 특히 모든 것
을 개인이 해결해야 한다는 의식이 강한 미국에서 슈퍼 히어
로 이야기는 급격하게 발전하고 성장했다. 하지만 언제부터
인가 사람들은 슈퍼 히어로에게만 의지해서는 안 된다며 변
화를 바랐다. 그리고 슈퍼 히어로를 내세워 그들이 바라는
'정의'를 이야기하기 시작했다. 초인에게 의지해 구원만을 바
라는, 그리하여 비민주적이라고도 할 수 있는 슈퍼 히어로 이
야기가 자유와 민주, 그리고 올바름을 내세우는 방향으로 바
뀐 것이다. 그것이야말로 미국에서 발전한 슈퍼 히어로 이야
기의 정신이다.

2. 초인 이야기

슈퍼 히어로 이야기는 미국을 중심으로 발전했지만, 강한 힘을 지닌 누군가가 세상을 구한다는 설정은 세계 각지에서 인기를 끌며 널리 퍼졌다. 특히 동양권에서는 부정한 권력자에 맞서는 의적 이야기를 자주 접할 수 있다. 한국에선 조선 3대 의적으로서 임꺽정, 장길산, 홍길동 이야기가 인기를 끌었다. 숙종 때는 탐관오리의 재물을 빼앗은 다음 매화나무 그림을 두고 사라진다는 의적 일지매 이야기가 중국에서 들어와 큰 인기를 얻으며 일지매를 자칭한 도적이 활동하기도 했다. 일본에서도 협객으로 잘 알려진 이시카와 고에몬이나 네즈미코소 등 의적 이야기가 인기를 끌었고, 전국 시대 이후 닌자나 검객 이야기가 화제를 모으면서 '지라이야' 같은 닌자 활극이 대중의 사랑을 받았다.

초인물의 시작

동양의 슈퍼 히어로물은 1930년대에 일본에서 종이 인형극으로 만들어진 〈황금박쥐〉에서 시작됐다. 나가마쓰 다케오가 만든 '황금박쥐'는 불사신 악당을 물리치는 정의의 용사로 화제를 모았고, 수많은 종이 인형극 작가가 이 캐릭터를 주역으로 한 이야기를 양산했다. 불황기의 혼란 속에서 영화 같은 건 생각도 할 수 없었던 아이들은 손에 손을 잡고 공터에 모여 황금박쥐의 활약에 열광하고 초인을 꿈꾸었다. 아이들에게 꿈을 심어준 종이 인형극은 2차 세계 대전의 혼란 속에 대부분 소실됐지만, 황금박쥐가 남겨준 꿈은 마음 깊숙이 남았다. 1967년에는 한국의 제일동화와 공동 제작한 애니메이션이 한국과 일본에서 인기리에 방송되었다.

일본에서는 1950~1960년대에 〈황금박쥐〉를 시작으로 다양한 초인물이 드라마로 제작됐는데, 오토바이를 타고 나타나서 괴력으로 적을 물리치고 사라지는 〈월광가면〉은 70퍼센트에 가까운 시청률을 기록했다. 지식인층은 허황한 이야기라고 비판했고 흉내 내던 아이들이 다치거나 사망하는 사고가 자주 일어나면서 1년 만에 방송이 중지됐지만, 그

한국에서도 인기가 높았던 〈황금박쥐〉.

독특한 분위기는 사람들의 마음에 깊이 새겨졌으며, 시대극을 연상케 하는 연출은 이후 초인물에 큰 영향을 주었다.

어떤 때는 정의의 용사, 어떤 때는 악의 하수인

『소리 없는 검』으로 데뷔한 만화가 요코야마 미쓰테루는 『이가의 카게마루』, 『가면 닌자 아카카게』 같은 닌자 만화로 화제를 모았다. 다채로운 닌자 술법을 사용하며 활약하는 모험담은 닌자 만화 열풍을 일으키는 원동력이 됐고 일본의 수많은 초인물에 영감을 주었다.

1968년 요코야마는 미래를 무대로 수많은 초능력자가 지구와 화성을 넘나들며 대결하는 만화 『지구 넘버 V7』을 선보였다. 이 작품 속 초능력은 닌자 술법과 똑같았지만, 초능력자를 상대하는 각종 과학 병기와 함께 『엑스맨』처럼 초능력자와 보통 사람의 대립 구조를 도입해 SF 초인물 분위기를 충실하게 연출했다.

1971년엔 똑같은 초능력을 가진 주인공 바벨 2세와 요미의 대결을 그린 작품 『바벨 2세』를 통해 초능력 슈퍼 히어로와 슈퍼 빌런의 대결을 흥미롭게 보여주었다. 같은 힘을 가진 이들이 선과 악으로 나뉘어 대결한다는 설정은 조종 장치를 누가 손에 쥐느냐에 따라서 선도 악도 될 수 있는 초인 로봇 이야기 『철인 28호』와 일맥상통한다. 힘은 선도 악도 아니라는 작가의 주제 의식을 잘 반영한 사례다.

요코야마는 정체를 감추고 활동하는 마법 세계 공주 이야기 『요술공주 샐리(마법사 사리)』로 마법 소녀물을 처음 선보이기도 했다. 소녀가 마법으로 사람들의 소원을 들어주거나 사건을 해결하는 마법 소녀물은 『요술공주 밍키(마법의 프린세스 밍키 모모)』, 『천사소녀 새롬이(마법의 천사 크리미 마미)』 등 '꿈과 희망'을 주제로 한 변신물로 이어졌지만, 『미소녀 전사 세일러 문』을 시작으로 악과 싸우는 이야기가 중심이 되면서 초인물의 한 축을 이루게 됐다(싸우는 변신 소녀 캐릭터는 나가이 고의 만화 『큐티 하니』[1973]에서 시작됐지만, 큐티 하니는 공중 원소 고정 장치라는 SF 장치로 변신하는 안드로이드라는 점에서 마법 소녀물과는 차별된다).

창조주에 도전하는 '인간'

미국에서 스탠 리를 중심으로 새로운 슈퍼 히어로가 인기를 끌 무렵, 일본에서는 만화가 이시노모리 쇼타로를 중심으로 새로운 스타일의 SF 초인물이 탄생했다. 『사이보그 009』(1964), 『가면 라이더』(1970), 『인조인간 키카이더』(1972) 같은 작품 속 주인공은 그 능력과 설정은 다르지만, 모두 악의 조직이 만든 존재라는 공통점이 있었다. 사악한 조직의 병기로 만들어졌지만 명령을 따르지 않고 맞서 싸운다. 창조주인 만큼 악당은 주인공보다 강할 수 있지만, 의지와 용기, 지혜로 이겨나간다. 이들 작품은 '자신의 의지로 사악한 창조주에게 도전한다'는 깊이 있는 주제와 함께 무엇보다 '인간의 의지'를 강조하는 새로운 초인물로서 인기를 끌었다.

인조인간 키카이더는 양심 회로라는 장치 덕분에 자신의 정의를 관철하는 로봇이었다. 장치의 명령으로 선한 행동을 하는 로봇이지만, 적이 설치한 복종 회로 때문에 인간처럼 필요에 따라 거짓말이나 살인도 할 수 있게 된다. 그로 인해 키카이더는 '무엇이 옳은지 항상 고민하고 괴로워해야 하는 존재'가 되고 만다. <키카이더 01 THE ANIMATION>은 마지막에 "이렇게 피노키오는 인간이 됐습니다. 그런데

| 불완전한 양심 회로로, 좌우의 디자인이 달라진 키카이더.

인간이 되어서 행복해졌을까요?"라는 대사로 끝난다. 인간으로서 자신의 길을 스스로 헤쳐 나가야 하는 피노키오처럼 키카이더는 양심 회로의 명령을 따르는 것이 아니라 정의가 무엇인지 스스로 찾아나선다. 이 모습에서 '인간과 히어로란 무엇이 정의인지를 항상 고민하고 괴로워하는 존재'라는 주제 의식이 잘 느껴진다.

이시노모리 쇼타로는 1975년 〈비밀전대 고레인저〉 원작을 맡아 여러 초인이 각기 개성적인 활약을 보여주는 전대물을 만드는 데도 이바지했다. 이후 이 작품은 '슈퍼 전대'라는 이름의 시리즈가 됐으며 〈울트라맨〉, 〈가면라이더〉와 함께 일본 특촬 용사물의 한 축을 이루었다. '슈퍼 전대'는 미국 〈파워레인저〉의 기원이 됐으며, 한국에서도 〈지구 용사 벡터맨〉 같은 작품을 선보이기에 이른다.

한국 특촬물은 범죄와 싸우거나 환경을 지키는 등 교육적인 주제를 담은 것이 많다. 반면 근래에 선보인 〈레전드 히어로 삼국전〉에서는 각자 자신의 꿈을 걸고 대결한다는 내용이 눈에 띈다. 꿈을 걸고 싸워서 패배하면 꿈을 잃어버리게 된다는 설정은 보통 아동물이라 여기기 쉬운 특촬물에 깊이감을 더했다.

색다른 과학 용사들

1968년 다쓰노코 프로덕션에서 선보인 요시다 다쓰오의 애니메이션 ‹달려라 번개호(마하 고고고)›는 다양한 비밀 장치를 갖춘 자동차를 타고 활약하는 새로운 과학 용사의 모습을 보여주었다. 한국에서도 인기를 끌었던 이 작품을 시작으로 다쓰노코 프로덕션은 사이보그로 개조되어 로봇 군단에 맞서 인류를 구하는 용사를 주역으로 한 ‹신조인간 캐산›, 닌자 설정에 과학을 결합한 ‹독수리 오형제(과학닌자대 갓차맨)›, 특수 물질로 만든 갑옷을 입고 초인으로 활동하는 ‹허리케인 폴리머› 같은 작품을 계속 선보이면서 특촬용사물과 차별된 또 다른 팬층을 형성했다. 특히 선이 굵은 극화풍 그림에 닌자 같은 전통 스타일과 과학이라는 요소를 결합한 이들 작품은 일본뿐만 아니라 서양에서도 화제를 모았다.

새롭게 시작되는 일본의 히어로물

신화에서 시작해 「모모타로 이야기」 같은 설화를 거쳐 사무라이, 닌자 활극으로 발전한 일본의 초인물은 요코야마 미쓰테루나 이시노모리 쇼타로, 요시다 다쓰오 같은 만화가를 통해서 미국과는 차별되는 일본만의 색채를 갖추게 됐다. 이들은 ‘힘은 사용자에 따라 선과 악이 나뉜다’, ‘나 자신의

2장
진화하는 인류, 우리 곁에 다가온 슈퍼 히어로

의지로 창조주에 맞선다', '과학 기술로 세상을 구한다'와 같이 독창적인 주제 의식을 담아 이야기를 연출했다. 주로 '옳다고 믿는 것'을 위해서 싸운다는 점에서 서양과 차별화한 일본 초인물은 지금도 세계 각지의 많은 팬에게 꿈과 희망을 심어주고 있다.

3장

멸망하는 세계, 인류가 만든 재앙

"인류는 바이러스다"라고 누군가는 이야기한다. 또 누군가는 "세계를 구하려면 인류가 사라져야 한다"라고 말한다. 지금 이 순간 인류 앞에는 무수한 재앙이 있으며, 그 중 상당수는 인간에 의해 생겨났다고 한다. 멸망해가는 세계. 인류에게는 어떤 미래가 펼쳐질까?

1

세상이
모래로 뒤덮이는 날

〈인터스텔라〉

먼 미래에 세계적인 기상 이변으로 인류의 앞날은 점
차 암울하게 변해간다. 모래 폭풍 때문에 외출이 어렵
고 작물들이 조금씩 줄어들며 산소조차 부족해진 세
상. 과학자들은 우주에서 날아온 신호를 바탕으로 인
류가 살 수 있는 행성을 찾아 여행을 떠난다. 인류에게
남은 시간이 얼마 되지 않는 상황. 과연 그들은 또 다
른 별을 찾아낼 수 있을까?

　　영화 〈인터스텔라〉는 우주여행을 다룬 작품이다.

3장
멸망하는 세계, 인류가 만든 재앙

웜홀과 블랙홀을 넘나들면서 지구에서 멀리 떨어진 별을 여행하는 내용이다('인터스텔라'라는 제목은 바로 별과 별 사이[성간]를 뜻한다). 영화는 우주여행을 중심으로 전개되는데, 초반에 나오는 지구의 암울한 상황이 눈에 띈다. 인구가 점차 줄어들고 병충해로 애써 기른 작물을 불태우는 장면이 나온다. 우주로 나가는 걸 포기한 사람들은 아폴로 계획은 거짓말이라며 선전한다.

하지만 무엇보다도 인상적인 것은 때때로 밀려오는 모래 폭풍의 모습이다. 이따금 주인공이 사는 집 근처에 말 그대로 모래가 폭풍처럼 밀려온다. 얼마나 심한지 세상이 검게 변하고 집 밖으로 나가지도 못한다. 심지어 틈새로 들어온 모래가 집 안에도 잔뜩 쌓인다. 모래 폭풍이 지나가면 집 밖은 사막으로 변해버리고 폭설이 내린 듯 집 주변에 모래가 가득 쌓인다. 끊임없이 황사가 밀려오고 모래를 마시지 않으려고 코와 입을 가린다. 식탁에 접시나 그릇을 놓을 때는 항상 거꾸로 엎어놔야 한다. 그렇지 않으면 금방 먼지가 쌓여서 다시 씻어야 한다.

농사도 제대로 지을 수 없다. 열심히 작물을 심고 재배해도 모래 폭풍이 한번 밀려오면 묻혀서 파내기도 어렵다. 자동차도 제대로 달리지 못하고 로봇 일꾼

들도 멈춰버린다. 길도 사라져서 헤매기 일쑤다. 끝없는 사막만이 눈앞에 펼쳐진다. 인류가 멸망한다는 말이 나오기에 충분한 상황이다.

영화 초반에 인터뷰와 함께 주인공 주변의 어려운 상황이 소개된다. 흥미로운 점은 이 인터뷰 내용이 영화를 위해서 만든 게 아니라 1930년대 미국에서 실제 있었던 상황이라는 것이다. 1930년대 미국 남부 지역에선 '검은 눈보라'라는 현상이 발생했다. 마치 검은 눈이 쏟아져 내리듯이 모래가 밀려왔다고 해서 붙은 이름으로, 영화 초반에 그때 당시의 상황을 재현해서 보여준다.

미국 남부 지역에서 검은 눈보라가 발생한 이유는 그 지역에 이주한 사람들 때문이었다. 20세기 초 많은 사람이 미국 남부 지역으로 이주해 농사를 짓고, 소나 양 같은 가축을 기르기 시작했다. 당시 미국 남부 지역에는 풀밭이 많았는데 사람들이 소나 양을 길러 풀을 먹어 치우게 하고 드러난 흙에 밀이나 옥수수 등의 작물을 재배했다. 그 결과 미국 남부 지역은 사막으로 변한다. 나무와 풀이 사라지면서 땅의 습도는 유지될 수 없었고, 흙이 말라 서로 떨어져서 가는 모래로 변해버렸다. 흙을 잡아주는 식물 뿌리가 사라지고 흙이 위로 솟아오르는 것을 막아주는 나뭇가지와 잎이 없어지면서 쉽게 바람에 날리게 됐다.

　　나무와 풀이 사라져 낮과 밤의 기온 차가 더욱 벌어졌고, 강한 바람이 자주 불었다. 그리고 엄청난 양의 모래바람이 미국 전역을 휩쓸기 시작했다. 사람들은 강우량 부족 때문이라고 생각해 온갖 방법을 동원해 비를 내리게 하려고 애썼다. 상금을 걸고 기우제를 벌였다. 비행기를 이용하거나 심지어는 로켓을 쏘아서 구름을 만들려고 한 사람도 있었다. 하지만 그 어떤 방법도 소용없었다.

　　수많은 사람, 특히 호흡기가 약한 아이나 노인이 모래 먼지 때문에 병을 앓다가 죽었고, 식량 부족으로 굶주렸다. 모래바람으로 모래와 다른 물질이 서로 마찰하면서 생겨난 정전기가 주변 금속에 충전되는 바람에 감전되어 죽는 사람이 생겨나기도 했다.

　　모래 폭풍이 지면을 쓸고 지나가면서 그나마 남아 있던 수분조차 바짝 말라버렸고, 모래가 풀이나 나무를 뒤덮어 자라는 것을 방해했다. 사람들은 먹고살기 위해 작물을 재배했지만 그럴수록 지하수는 줄어들고 땅은 메말라갔다. 해를 거듭할수록 검은 눈보라는 더욱 거세어졌다. 중국의 황사가 한국까지 밀려오듯 남부에서 한참 떨어진 수도 워싱턴까지 모래바람이 도달했다고 한다.

미국은 어떻게 검은 눈보라를 극복했을까? 당시 한 연구자가 있었다. 그는 이 모래 폭풍의 원인이 물이 아니라 잘못된 농사 습관으로 인한 생태계 파괴 때문이라고 생각했다. 그래서 미국 전역에 나무를 심고 농사 방법을 바꿔야 한다고 주장했다. 국회에서 연설할 때 때마침 불어온 모래 폭풍으로 워싱턴이 밤처럼 변해버렸고, 그는 이렇게 외쳤다. "저것이 우리가 싸울 적입니다." 사람들은 이 말에 놀라면서 변화를 받아들였다. 짧은 시간 만에 20억 그루의 나무를 심었고, 그로부터 몇 년 후 미국 전역을 휩쓸었던 검은 눈보라는 거의 사라졌다.

한국에서도 점점 황사가 심해지고 있다. 〈인터스텔라〉 정도로 심하진 않지만 초미세먼지까지 늘어나면서 사람들의 생명이 위협받고 있다. 시베리아와 아마존, 오스트레일리아 등에서 화재가 거듭되며 땅은 메말라가고, 사하라의 모래 폭풍이 대서양을 넘어 미국까지 밀려가는가 하면, 미국 남부에선 지하수가 고갈되며 다시금 검은 모래 폭풍이 시작되려 하고 있다.

이러다간 정말로 언젠가 〈인터스텔라〉처럼 우주

로 떠나야 할지도 모른다. 농사를 지을 수 없고 산소가 부족해서 숨조차 쉴 수 없게 될 수도 있다. 〈인터스텔라〉의 기술이 있다고 해도 70억 인구가 모두 우주로 갈 수 없는 이상 우리는 지구를 좀 더 아끼고 사랑해야 한다.

　누군가는 말했다. '나무는 대지와 하늘을 연결하는 물의 통로'라고. 20세기 초 한 미국인이 이 말을 실천해 나무를 심었고, 검은 모래 폭풍은 사라졌다. 언젠가 우리는 우주로 나갈 것이다. 하지만 그것은 지구에서 추방되는 '엑소더스'가 아니라, '마지막 신천지'를 향한 여정이 되어야 한다.

〈인터스텔라〉

2014년 개봉한 크리스토퍼 놀런 감독의 영화 〈인터스텔라〉는 현재는 다소 침체한 우주 탐사라는 꿈을 중심에 두고 기획한 작품이다. 비슷한 시기에 등장한 〈그래비티〉나 〈마션〉, 〈마스〉, 〈더 문〉 같은 작품이 태양계에서도 비교적 가까운 달이나 화성을 목표로 삼은 것과 달리 〈인터스텔라〉는 제목 그대로 태양계를 넘어 성간 여행을 주제로 이야기가 진행된다. 이를 위해 이 작품에선 웜홀이라는 흥미로운 개념을 도입했으며, 인류가 위기에 빠져 목숨을 건 도전이 필요한 상황을 배경으로 설정했다.

〈인터스텔라〉 기획에서 흥미로운 점은 과학자의 의견과 첨단 과학 정보를 바탕으로 상황을 구성했다는 점이다. 특히 입체 구조의 웜홀이나 기존에는 검은 구멍으로만 보이던 블랙홀이 살아 숨 쉬는 듯한 영상은 〈2001 스페이스 오디세이〉에 필적할 만한 현실감을 안기며 영화에 몰입하게 한다.

한국의 황사

매년 봄이 되면 한국에선 황사 이야기가 뉴스를 장식한다. 최근에는 미세 먼지가 좀 더 화제가 되고 있지만 황사는 삼국사기에도 기록이 나올 정도로 오래전부터 한국을 괴롭혀온 자연재해다. 흙이 비처럼 떨어진다는 뜻에서 우토雨土나 토우土雨라고 부르기도 한 한국의 황사는 주로 몽골 일대의 사막에서 모래와 먼지가 상승해 바람을 타고 이동하면서 발생한다. 몽골 이외에도 세계 각지의 사막에서 황사가 일어나는데, 사하라 사막의 황사는 바다 건너 아메리카 대륙으로 넘어가기도 한다.

근래에는 각종 오염 물질로 인간의 건강을 해치고, 산업에도 피해를 주는 등 문제를 일으키지만, 한편으로는 다양한 영양분을 옮기고, 그 안의 알칼리 성분이 산성비를 중화하는 등 자연환경에 도움을 준다.

문제는 세계 각지에서 사막화가 심해지고 오염 물질이 늘어나면서 황사 피해가 커진다는 점이다. '검은 눈보라'를 극복했던 미국 역시 남부 지역이 다시 사막화되고 있으며(미국 남부의 많은 지역은 오래전부터 미국 북쪽 끝의 오대호에서 물을 끌어다가 사용하고 있다) 세계의 물 부족 현상은 더욱 심해지고 있다. 이로 인해 물을 둘러싼 국가, 지역 간 갈등도 늘어나고 있다.

좀비가
넘쳐나는 여행길

〈부산행〉

평범한 오후, 서울역을 출발하는 열차 안에서 이야기는 시작된다. 출발 직전 한 소녀가 열차에 올라타고 승무원은 그녀에게 물리고 만다. 그리고 열차는 지옥으로 변한다.

　한 연구소에서 실험 물질이 유출되면서 시작된 파국은 한국 전역을 휩쓸며 수많은 사람에게 불행을 안긴다. 물리기만 해도 감염되며 뇌를 파괴하고 짐승처럼 변하게 하는 물질, 일명 좀비 바이러스가 퍼져나간 것이다. 혼란 속에 사방은 아수라장이 되고 사람들은 대피한다. 부산을 제외한 거의 모든 곳이 좀비에게 점령된 상황. 한국의 미래는 어떻게 될까?

영화 <부산행>은 고속 열차를 중심으로 영화나 게임으로 친숙한 좀비에게 쫓기는 사람들의 탈출극이다. 얼마 안 되는 인간을 쫓아 수많은 좀비가 몰려드는 장면은 끔찍한 공포를 안겨주었고, 그 와중에도 다른 사람을 구하고자 희생하는 이들의 모습에 감동하며 수많은 관객이 열광했다.

좀비는 영화, 만화, 게임 등에 등장해 우리를 놀라게 한다. 사람의 모습으로 괴물처럼 달려드는 좀비는 여느 공포 영화보다도 무섭고 끔찍하다. 그런데 이런 작품을 보면 문득 궁금해진다. 과연 좀비가 창궐하는 사태는 가능한 것일까? 그리고 만약 그런 일이 일어난다면 어떻게 해야 할까?

좀비는 아이티를 비롯한 여러 나라에서 믿는 부두교에서 유래했다. 부두교 사제는 인간의 몸에서 영혼을 뽑아낸 좀비를 노예처럼 부리거나 팔아버렸다고 한다. 마법 같은 이야기지만 특수한 약물로 사람을 좀비처럼 만든다는 학설도 있다. 영화 속 좀비는 이것과 다르다. 처음 영화에 나온 좀비는 마법으로 되살아난 시체였지만, 〈부산행〉을 비롯한 여러 영화에선 바이러스나 어떤 특수한 물질에 감염되어서 이성을 잃어버린 사람이나 시체가 좀비가 된다.

현실에서 시체가 되살아나는 일은 없지만 바이러스에 감염되어 이성을 잃고 날뛰는 병은 얼마든지 있다. 가장 대표적인 것이 광견병이다. 물을 두려워하게 된다고 해서 '공수병'이라고도 불리는 광견병은 한번 발병하면 거의 사망에 이르는 치명적인 질병이다. 주로 개나 고양이에게 물려서 감염되지만, 박쥐나 너구리 등 대다수 포유류를 통해 감염될 수도 있다(드라마 〈CSI〉에서도 폐가에 살던 노숙자가 박쥐 때문에 광견병에 걸려서 사망하는 이야기가 나온다). 침이나 피를 통해서 전염되므로 광견병에 걸린 사람이 물거나 할퀴면서 감염되기도 한다. 광견병 바이러스는 천천히 뇌로 전달되어 감염되고, 일단 발병하면 치료할 방법이 없다. 근육 경련 외에도 흥분, 마비, 정신 이상 등의 증세가 발생하고 일주일도 안 되어 사망한다.

광견병은 세계 각지에서 매년 5만 명이 넘는 사람이 사망하는 무서운 질병이다. 한국을 비롯한 많은 나라에선 반려동물에게 광견병 예방 접종을 강제하고 있지만, 야생 동물은 어떻게 할 방도가 없어서 이따금 감염된다.

좀비 바이러스와 증세가 비슷하지만 이로 인해 좀비 사태가 일어날 가능성은 없다. 광견병 바이러스는 매우 천천히 전달되어 증세가 발현되기까지 시간이 오래 걸리고, 발병하면 오래 살지 못하기 때문이다. 게다가 전염되기 어렵고 예방법이 있으며 발병 전에는 치료가 가능해 위험성이 낮다. 하지만 바이러스는 언제든 변할 수 있다. 실례로 감기나 독감 바이러스는 계속 변화하기 때문에 백신을 만들거나 치료하기 어렵다. 본래 새들에게만 감염되던 조류 인플루엔자가 사람에게 옮기게 된 것도 그런 변형 때문이라 한다. 마찬가지로 광견병 바이러스도 더 위험하게 변할지도 모른다. 더 빠르게 발병하거나 더 오랫동안 생존하게 되며, 심지어 공기를 통해서 감염하게 될 수도 있다.

광견병과 같은 바이러스성 질병 외에도 좀비처럼 정신 이상을 일으키는 무언가가 나올 수 있다. 영화 〈연가시〉에서처럼 기생충에 감염되거나 매우 작은 기계인 나노 머신이 두뇌에 들어가서 우리를 조종할지도 모른다. 어느 쪽이건 영화 같은 상황이 벌어질 가능성은 크지 않다. 바이러스이건 기생충이건 나노 머신이건 인간의 몸을 이용해서 움직이는 이상, 에너지를 얻기 위해서 뭔가를 먹고 살아가야 하기 때문이다. 좀비들만 가득한 상황에서 식량 공급이 제대로 될 리가 없고, 오래지 않아서 그들은 굶어 죽을 것이다. 에너지가 없어서 쓰러진 시체가 움직일 리도 없으니 집 안에 숨어 있기만 해도 문제는 해결된다.

좀비가 질병이라면 사람들은 어떤 방식으로든 대항할 것이다. 일찍이 루이 파스퇴르가 광견병 백신으로 한 소년을 살려냈고 수많은 개와 사람들을 구했듯이 어느 한 곳에서 좀비 증세가 퍼지면 예방법이나 치료법이 생겨날 것이다. 좀비 증세가 빠르게 나타날수록 멀리 퍼지기 전에 그 상황이 드러날 테니까.

여러 가지 면에서 영화 속 좀비 상황이 실제로 벌어질 확률은 매우 낮다. 우리가 좀비를 주제로 한 영화와 게임에 열광하고 즐기는 것은 좀비 상황이 여느 재앙과는 다르기 때문이다. 조금 전까지 친구이고 가족이었던 사람이 괴물로 변해서 우리를 위협하는 상황. 인간의 모습을 한 재앙이 밀려오는 데서 느껴지는 공포가 우리를 자극하는 것이다.

좀비 이야기는 질병이 언제라도 우리를 위협할 수 있다는 것을 가르쳐준다. 자연재해나 전쟁이 일어나지 않아도 평온한 삶이 파괴될 수 있음을 말이다. 하지만 그보다 더 중요한 점은 밖에서 좀비가 날뛰더라도 사람들이 협력하면 살아남을 수 있다는 것이 아닐까? 이런 상황에서 위기는 좀비 자체보다 사람들의 대립 때문에 일어나곤 하니까.

3장
멸망하는 세계, 인류가 만든 재앙

2016년 개봉한 연상호 감독의 영화. 국내 최초의 좀비 소재 블록버스터로 1,000만 이상의 관객을 모으며 흥행에 성공했다(한국 최초의 좀비 영화는 1980년 강범구 감독의 〈괴시〉다). 〈돼지의 왕〉 같은 사회 비판을 담은 애니메이션을 주로 만들던 연상호 감독은 〈부산행〉을 통해 상업 영화로도 성공을 거두었다. 2020년 7월에는 〈부산행〉의 후속작 〈반도〉를 공개했다.

한편 〈부산행〉의 직전 상황을 그린 프리퀄로서 〈서울역〉이 애니메이션으로 제작되어 함께 소개됐다.

좀비 이야기

현대 사회에서 인기가 높은 좀비 콘텐츠는 리처드 매드슨이 1954년에 발표한 단편 소설 「나는 전설이다I am Legend」에서 시작됐다고 볼 수 있다. 리처드 매드슨은 이 작품에서 핵전쟁 이후 변종 박테리아에 감염된 흡혈귀로 가득해진 세계에서 마지막으로 남은 유일한 인간인 주인공의 이야기를 통해 이후 유행하게 되는 좀비 이야기의 한 모델을 만들었다.

「나는 전설이다」에서 주인공의 적은 흡혈귀로서 말을 할 수 있으며 마늘과 십자가, 햇빛에 약하다. 주변의 친숙한 인물이 괴물로 변한 데다 창백한 얼굴에 이성을 잃고 행동한다는 점에서 전형적인 좀비 스타일이다. 이 작품에서 가장 인상적인 부분은 흡혈귀를 두려워하는 주인공이 (흡혈귀가 활동하지 못하는) 낮에는 반대로 흡혈귀 사냥꾼이 된다는 점이다. 흡혈귀에게는 주인공이 전설 속 괴물이나 용처럼 위험한 존재라는 것이다. 인간이 전설의 괴물이 될 수 있다는 점에서 충격적이었다.

현대 좀비 콘텐츠의 시작은 조지 A. 로메로 감독의 〈살아있는 시체들의 밤〉이다. 〈나는 전설이다〉의 영화판에서 영감을 받아 만들어진 이 작품은 시체들이 좀비로 되살아나고 그들에게 공격당한 인간도 좀비가 된다는 전형적인 설정을 대중에게 각인시켰다. 감독은 〈살아있는 시체들의 밤〉에 등장하는 존재를 시체 먹는 귀신인 '구울Ghoul'이라고 불렀지만, 이를 신문 등에서 좀비라고 부르면서 대중화됐다.

초기의 좀비는 시체라는 설정 탓에 느릿느릿 움직이는 경향이 강했다. 하지만 좀비 영화가 양산되고 차별화하는 과정에서 그 특성이 조금씩 변했는데, 영화 <28일 후> 같은 작품에 달리는 좀비가 등장해 인기를 끌면서 이런 모습이 대중화됐다.

좀비는 본래 부두교에서 마법적으로 탄생하는 존재로 여겨졌는데, 현재는 대개 바이러스나 박테리아, 곰팡이 등에 의해 감염된다고 설정되는 경우가 많다. 세균에 감염되어 변한다는 설정은 <나는 전설이다>에서도 등장한 내용이지만, 이것이 대중화된 데는 캡콤의 게임 <바이오하자드>의 영향이 적지 않다. <바이오하자드>는 <레지던트 이블>이란 제목으로 영화화되기도 한 좀비 게임의 원조격 작품이다. 특히 '부도덕한 대기업이 생물 병기를 개발하다가 온갖 좀비가 만들어진다'는 전형적인 클리셰가 정착하는 데도 큰 역할을 했다.

좀비는 지금도 각종 콘텐츠에서 인기 있는 소재다. 근래에는 인간처럼 말도 하고 연애도 하는 좀비가 등장하는 등 점차 다양한 형태로 변화하고 있다.

3장
멸망하는 세계, 인류가 만든 재앙

3

지구가
얼어붙는 날

〈투모로우〉

북극의 한 지역에서 빙산을 조사하던 대원들은 갑작
스레 빙산이 갈라지면서 위험에 빠진다. 그리고 거대
한 섬만 한 얼음덩어리가 북극에서 사라져버린다. 이
후 세계의 날씨는 급격하게 변하는데, 인도에 눈이 내
리고 미국에 거대한 토네이도가 수없이 밀려오며 바
다가 얼어붙기 시작한다. 세계 각지에 생겨난 거대한
폭풍은 땅을 냉각시키고 얼음의 대지로 바꿔버린다.
살아남은 사람들은 (심지어 미국 대통령조차) 앞으로 시

158

작될 오랜 빙하기를 버티기 위해 남쪽으로 피난한다. 얼어붙은 지구의 사람들. 인류의 미래는 어떻게 될까?

영화 〈투모로우〉는 자연의 재앙을 다룬 이야기다. 지구 온난화가 극에 달하면서 북극의 얼음이 녹아버리고, 그로 인해서 일어나는 온갖 재난을 그려냈다. 세계 각지에 이상 기후가 계속되더니 땅에서 거대한 태풍이 생겨나고 미국을 비롯한 북반구 지역 대부분이 얼어붙으면서 이야기는 막을 내린다. 수십 개의 토네이도가 한 번에 로스앤젤레스를 파괴하고, 대형 해일이 뉴욕을 휩쓰는 모습은 자연의 힘이 얼마나 대단한지를 잘 느끼게 한다.

이 이야기에서 흥미로운 점은 빙하기의 원인이 지구 온난화라는 점이다. 지구가 따뜻해지는데 빙하기가 찾아온다니 이상하게 여겨질 수도 있겠지만, 이것은 결코 불가능한 일이 아니다. 지구 온난화는 더 정확히 말하면 '기상 이변'이며 이로 인해 온갖 사건이 벌어질 수 있기 때문이다.

'지구 온난화'라고 하면 단순히 날씨가 더워진다고 생각하기 쉽다. 하지만 지구 전체 기온이 상승하면 예기치 못한 일이 얼마든지 일어날 수 있다. 지구 온난화가 계속되면 적도를 중심으로 저위도 지역은 기온이 올라가 여름이 더 더워지지만, 고위도 지역은 도리어 기온이 내려가 겨울이 더 주워질 수 있다. 지구의 기후를 안정시키는 물과 공기의 대류가 제대로 이루어지지 않아서다.

물을 데우면 아래의 뜨거워진 물이 가벼워져서 위로 올라가고 위에 있던 차가운 물이 아래로 내려와서 다시 데워진다. 이를 대류라고 하는데, 지구에서도 적도 근처에서 데워진 공기와 물이 극지방으로 향하고 극지방의 공기와 물은 적도 쪽으로 오는 대류 현상이 발생한다. 만일 북극과 남극 기온이 상승하면 대류가 제대로 이루어지지 않게 된다. 그 결과, 더운 공기와 찬 공기가 서로 섞이지 못하고 나뉘면서 저위도 지역의 기온은 상승하고 극지방 기온은 낮아진다. 그리하여 여름은 더 더워지고, 겨울은 더 추워지는 이상 기후가 계속될 수 있다. 지구 전체로는 1도밖에 온도가 오르지 않더라도 저위도 지역은 5도에서 10도 정도 상승하고 극지방은 도리어 기온이 떨어지게 된다.

문제는 여기서 끝나지 않는다. 적도 지방의 온도가 올라가면 태풍의 위력은 더욱 거세진다. 2017년 미국을 강타한 태풍 '하비'나 '어마'처럼 엄청난 양의 비를 쏟아내는 슈퍼 태풍으로 성장한다. 게다가 한 번으로 끝나지 않고 몇 개나 연속으로 생겨나서 밀려올 수 있다. 이 같은 태풍이 밀려올 때 바닷가에는 비가 많이 내리지만, 반대로 내륙에는 비가 내리지 않아서 사막이 늘어나기도 한다. 어디는 너무 덥고 어디는 너무 추워서, 또 어디는 비가 너무 많이 내리고 어디는 비가 적게 내려서 난리가 난다. 이렇듯 지구의 균형이 깨지면서 세상은 온갖 기상 이변으로 가득해지고, 점차 사람이 살기 어려운 곳으로 바뀔 것이다. 그렇게 살 만한 땅이 점차 줄어들며 힘든 시간을 보내게 된다.

〈투모로우〉처럼 불과 며칠 사이에 지구가 얼어붙는 일은 일어나지 않을 것이다. 지구는 자체적인 조절 능력이 있어서 한 번에 너무 큰 변화는 일어나지 않는다. 하지만 지구의 조절 능력이 한계에 달한다면? 그럼 세상 날씨는 미쳐 돌아가고 며칠은 아니겠지만 몇 달, 몇 년에 걸쳐 지구가 얼어붙고 사람이 살 수 있는 땅은 줄어들 것이다. 그리고 그 겨울은 아주 오랫동안 이어지게 된다.

〈투모로우〉의 주인공은 기상학자다. 그는 극지방의 빙하를 조사해 과거 지구의 날씨가 어떠했는지를 연구한다. 그리고 오래전 지구에서 놀라운 기상 이변들이 일어났다는 사실을 알고 사람들에게 경고했지만 아무도 그의 말을 듣지 않았다. 미국 부통령은 그에게 경제도 중요하다면서 환경에 신경 쓸 여유가 없다고 말한다. 그렇게 미국을 비롯한 세계 각지의 사람들은 삶의 터전을 잃어버리고 만다.

"저것 봐. 이렇게 깨끗한 지구를 본 적 있어?" 영화가 끝날 때 우주 정거장의 조종사가 얼어붙은 지구를 내려다보며 말한다. 언젠가 정말로 빙하기가 찾아온다면 분명히 지구는 아름다워 보일지도 모른다. 하지만 지구가 아름다운 것은 다양한 자연환경이 함께하기 때문이며, 우리 역시 그 환경의 일부임을 기억해야 한다.

2004년 개봉한 롤랜드 에머리히 감독의 영화. 그는 주로 매력적인 장면을 떠올리고 영화를 완성하는 것으로 유명하다. 작품 포스터에선 얼어붙은 바다를 배경으로 드러난 자유의 여신상 모습을 부각하고 있다. 다른 나라에서 개봉할 때는 포스터에 그 나라의 상징적 건물을 내세워 화제를 모았는데, 한국에선 얼어붙은 남대문과 광화문의 이순신 동상을 사용했다(처음 공개된 포스터에선 한국이 아닌 북한 개성의 남대문을 잘못 사용했으며, 네티즌의 지적으로 수정해서 다시 공개했다).

　　이 영화는 그때나 지금이나 환경 문제에 가장 무관심한 미국이 몰락해가는 모습을 전면에 내보였다는 점이 흥미롭다. 그 당시 대통령인 부시와 부통령인 딕 체니를 닮은 배우를 캐스팅했는데, 작품 속에서 부통령은 주인공과 대립하며 환경만큼 경제가 중요하다는 논리를 내세운다. 미국 정부는 멕시코로 이주해 망명 정부를 수립한다. 이 과정에서 피난을 지휘하던 대통령은 마지막에 탈출하다가 사망하고, 부통령이 반성하는 모습을 보여준다. 영화에서 소개된 내용은 상당히 과장되었지만(너무 짧은 시간 안에 세상이 얼어붙는 등) 가능한 일이라고 한다. 실제로 수년 전에 북반구에서 대류 문제로 인한 이상 한파가 밀려오기도 했으며, 2020년 9월에는 미국에서 (아시아에서 일어난 태풍의 영향으로) 하루 사이에 기온이 30도나 떨어져 여름에 눈보라가 치는 사태가 벌어지기도 했다.

3장
멸망하는 세계, 인류가 만든 재앙

4 핵미사일이 불러온
비극의 시작

〈그날 이후〉

　　미국의 한 조용하고 평화로운 마을에 위기가 밀려온다. 미국과 소련(현재의 러시아)이 핵전쟁을 시작한 것이다. 소련이 발사한 미사일은 한 마을로 향하고 거대한 버섯구름이 피어오른다. 마을 변두리에 있는 핵미사일 기지를 향한 한 발의 미사일. 그것은 평온했던 공간을 지옥으로 바꿔놓았다. 수많은 사람이 그 자리에서 목숨을 잃거나 방사성 물질 피해로 숨을 거둔다. 살아남은 사람들도 언제 죽을지 모르는 상황. 그런데도 사람들은 폐허가 된 마을을 정비하며 생존을 위해 발버둥 친다. 과연 그들에게 미래가 있을까?

1983년 TV에서 방송한 영화 〈그날 이후〉는 핵전쟁 이후에 황폐해진 미국 마을을 무대로 펼쳐지는 이야기다. 평범한 마을에 핵폭탄이 떨어져 수많은 사람이 그 자리에서 숨지고, 겨우 살아남은 이들마저 하나둘 죽어가는 상황을 그려냈다. 왜 전쟁이 일어났는지 알 수 없다. 어느 날 갑자기 평범하기 이를 데 없는 마을 변두리에 핵폭탄 하나가 떨어졌을 뿐이다. 그리고 이것으로 인해 모든 비극이 시작된다.

핵폭탄은 엄청난 파괴력을 지녔다. 폭발 지점의 온도는 6,000도 이상. 태양 표면에 필적할 정도로 온도가 상승하고 주변 공기가 급격하게 팽창하면서 사방으로 퍼져나간다. 바람은 멀리 떨어진 곳에까지 거대한 폭풍을 일으키며 모든 것을 파괴한다. 폭풍이 사라지고 온도가 급격하게 식어버리면 이번에는 다시 공기가 순간적으로 수축하면서 주변의 공기를 빨아들이고 다시금 엄청난 폭풍이 일어난다. 이렇게 몰려든 공기가 가운데에서 부딪치면서 위로 높이 솟아 거대한 버섯구름이 만들어지고, 방사성 물질이 사방으로 퍼져나간다.

3장
멸망하는 세계, 인류가 만든 재앙

수많은 건물이 무너지고 사람들이 희생되지만 피해는 여기에서 끝나지 않는다. 핵폭발 순간에 생겨난 강렬한 방사선이 주변으로 퍼져나가고, 방사성 물질이 쏟아지면서 사람들을 위협하기 시작한다(방사선에 노출되는 것을 '방사선 피폭'이라고 한다).

방사선은 방사성 물질이 붕괴하면서 입자나 파동으로 전해지는 에너지의 흐름을 뜻하는데, 상상할 수 없을 정도로 강력한 에너지를 갖고 있다. 방사선에 피폭되면 일단 피부에 화상을 입는데 피해는 그것으로 그치지 않는다. 방사선은 피부를 뚫고 우리 몸속에도 영향을 준다. 강력한 방사선은 세포 유전자에 돌연변이를 일으켜 온몸에 이상이 생긴다.

피폭된 방사선량이 적다면 피해는 일시적인 것에 그칠 수 있다. 손상된 세포들은 다시 만들어지면서 원상 복귀된다. 어지럽고 메스꺼우며 구토나 설사 증세가 나타나기도 하지만 목숨에는 지장이 없다. 그러나 어느 정도 이상의 강한 방사선에 노출된다면 살아남을 방법은 없다. 세포들은 돌연변이를 일으켜 파괴되고, 새로운 세포가 만들어지지 못하면서 온갖 문제가 생겨난다. 피폭되고 한 달 정도가 지나면 백혈구 수가 줄어들어 감염증이 생기기 쉽고 혈소판이 감소해 상처가 아물지 않는다. 나아가 빈혈이 일어나고 암 증세를 겪으며 죽어간다. 피폭된 양이 더욱 많다면 이러한 고통을 느낄 수도 없다. 거의 하루나 이틀, 심하면 몇 시간이나 몇 분 내에 사망하기 때문이다. 문제는 죽지 않고 살아남더라도 별로 좋은 상황은 아니라는 것이다. 방사선에 의한 피해는 영구적이다. 한번 손상된 세포들은 회복되지 못하고 방사선이 사라져도 그 피해는 계속된다.

영화에선 바로 그런 상황을 보여준다. 전쟁은 끝났지만 상황은 호전되지 않는다. 사람들은 서로를 의심하며 해치려 하고, 부상자는 많은데 병원과 의약품은 한없이 부족하다. 군대에서 출동해 식량을 나눠주지만 그때뿐이다. 식량을 재배하고 싶어도 각지에 방사성 물질이 퍼져 불가능하다. 방사능을 제거하려면 다른 곳으로 옮기는 방법밖에는 없다. 농사를 지으려면 최소한 1미터 정도는 흙을 파서 치워야 한다는 말에 사람들은 절망한다.

살아남은 사람에게도 희망은 없다. 의사였던 주인공은 생존하긴 했지만 살아 있는 시체나 다를 바가 없다. 언제부터인가 토하고 코피가 나고 머리카락이 빠지는 등 몸이 조금씩 약해진다.

〈그날 이후〉는 그러한 죽음의 모습을 TV로 보여주었다. 그날 수많은 사람이 이 영화를 보고 충격에 빠졌다고 한다. 영화가 끝나고 과학자들이 토론하는 가운데 시청자 전화를 기다렸지만 단 한 통도 걸려오지 않았다고 한다. 전화를 하지 않은 것이 아니라 할 수가 없었던 것이다.

이 영화는 사람들을 바꿔놓았다. 영화가 끝난 이후, 수많은 사람이 반핵 운동에 나서서 핵무기 폐기를 주장했다. '먼저 핵을 쏴서 승리하자'고 주장하는 사람들은 사라졌다. 핵전쟁에 승리는 존재하지 않고 끔찍한 절망만 남는다는 것을 눈으로 보았기 때문이다. 그리고 핵무기를 줄이기 시작했다.

아직도 세상에는 엄청나게 많은 핵무기가 남아 있다. 하지만 다행스럽게도 사용되지 않고 있다. 그것은 어쩌면 이 한 편의 영화가 바꿔놓은 세상의 모습이 아닐까?

1983년 미국 ABC 방송국에서 만든 TV 영화. 시사 주간지 〈타임〉에서 역대 최고의 TV 작품 중 하나로 선정되기도 했다. 핵전쟁이 벌어진 이후에 평범한 이들에게 일어나는 일들을 사실적으로 묘사해 시청자에게 큰 충격을 안겨줬다. 캔자스에 핵폭탄이 떨어지면서 사람들이 한순간에 해골로 변하는 장면이나, 마지막에 폐허에서 점차 죽어가는 모습 등이 눈길을 끈다. 방송 당시 46.7퍼센트라는 미국 TV 영화 사상 최고 시청률을 기록했고, 약 1억 명이 보았다고 한다. 당시 미국 대통령 레이건도 영화를 보고 매우 우울해졌다는 평을 남겼다.

방송 직후, 헨리 키신저 전 국무장관, 로버트 맥나마라 전 국방장관, 천문학자 칼 세이건 등의 전문가가 출연한 토론회가 열렸는데, 여기에서 핵 경쟁은 "기름이 가득한 방에 한 명은 성냥 다섯 개, 한 명은 성냥 세 개를 들고 서로 먼저 불을 붙이겠다고 협박하는 것과 같다"라는 말이 유명해졌다.

이 영화에선 핵겨울을 다루지 않았는데 당시에는 가설에 불과했기 때문이다. 이 영화 이후에 나온 핵전쟁 관련 작품 중에는 핵겨울이 등장하는 것도 많다.

5 자가 격리와
제로 콘택트 시대

『2032년』

2032년, 인류는 자가 격리의 시대로 들어섰다. 불과 수년 만에 인류의 3분의 1을 죽음으로 몰아넣은 전염병이 돌면서 사람들은 '캡슐'이라는 자가 격리 주택에서 생활하게 됐다. 먹거리는 외부에서 만들어져 기계로 배달되고, 혼자뿐인 캡슐에서 모든 생활이 이루어지는 세계. 사람들은 오직 네트워크를 통해서만 서로 만날 수 있다. 정보도 일거리도 네트워크를 통해서만 얻을 수 있는 세계의 사람들은 캡슐에서 태어나고 자라나며 죽는다. 인공 수정을 통해서 태어난 사람들은 어머니와 함께하는 극히 일부의 시간을 제외하면 그 어떤 사람과도 만나지 않고 평생을 보낸다. 오직 캡슐만이 그들의 세상 전부다. 그야말로 나 혼자만을 위한 세계가 펼쳐지는 것이다. 그런데 그 캡슐에서 살인 사건이 일어났다. 바깥으로 통하는 문이 완전히 잠긴 상태에서 끔찍한 '밀실 살인'이 벌어진 것이다. 과연 캡슐에선 어떤 일이 벌어진 것일까?

　　프랑스 작가 장 미셸 트뤼옹의 소설 『2032년』('돌의 후계자'라는 제목으로도 번역됐다)은 가까운 미래에 전염병으로 격리된 삶을 살아가는 사람들의 이야기다. 위험한 전염병으로 수많은 사람이 죽고 난 후, 살아남은 이들에 대한 흥미로운 소설이다.

　　2032년, 지금으로부터 얼마 뒤의 미래 사람들은 코로나와는 비교할 수 없는 끔찍한 위협에서 살아남고자 '자가 격리'의 삶을 택한다. 캡슐에는 가족도 친구도 존재하지 않으며 그 누구도 들어오거나 나갈 수 없다. 먹거나 입을 것은 물론 필요한 모든 물건은 밖에서 자동 기계가 생산해 기계를 통해서 전해진다. 정해진 시간에 물건이 배달될 때만 문이 열리지만, 그 문으로 사람이 오갈 수는 없다. 이따금 몇몇이 더는 견디지 못하겠다며 문을 부수고 나가지만 그들은 대개 자살로 삶을 마친다. 살아남은 극소수만이 캡슐을 거부한 '논 플러그'라는 집단의 일원으로서 밖에서 함께 생활할 뿐이다.

외부와 완전히 격리된 채 '캡슐'만이 전부인 사람들은 네트워크를 통해서 서로 연결된다. 가족도 친구도 오직 네트워크에만 존재하며, 서로 손을 잡거나 껴안을 수 없다. 당연히 일거리도 네트워크에만 존재한다. 캡슐에서 벗어날 수 없기에 공장도 음식점도 자동기계가 맡아서 운영한다. 농장이나 광산 역시 마찬가지다.

여럿이 함께 무언가를 하고 싶을 때는 사람의 모습을 그대로 흉내 내는 '3차원 변환에 의한 상호 작용 시뮬레이터', 일명 '폴로숑'(죽부인처럼 긴 베개를 뜻하는 속어)이라는 원격 조종 로봇을 이용한다. 영화나 드라마도 이 장치로 만들어지고 누군가와 보드게임이나 씨름, 레슬링을 하고 싶어도 역시 이것으로만 가능하다. 모양을 자유자재로 바꿀 수 있고 촉감까지 느껴지는 폴로숑은 인간과 비슷하지만 그저 인형일 뿐이다. 그리하여 『2032년』의 사람들은 누구와도 만나지 않는 '제로 콘택트Zero Contact', 즉 접촉 없는 시대를 살아간다.

누구도 만나지 못하고 캡슐에만 머물러야 하는 미래. 그것은 왠지 코로나19 바이러스가 퍼진 현재 상황과 매우 닮았다. 남에게 질병을 옮을지도 모른다는, 또는 내가 남을 전염시킬지도 모른다는 두려움에 사람들은 집에 머물며 움직이지 않게 된다. 코로나19(2019년에 발견한 코로나 바이러스라는 의미)의 기세가 강해질수록 사람들은 외출을 삼가며, 모든 약속과 모임을 취소한다. 심지어 가족끼리도 서로 안심할 수 없는 상황이 이어진다.

코로나19는 『2032년』에 나오는 바이러스만큼 위험하진 않다. 전염성이 높지만 마스크를 쓰고 손을 잘 씻는 것으로 어느 정도 예방할 수 있으며, 인류의 3분의 1을 죽음으로 몰아넣을 만큼 치사율이 높지도 않다. 그런데도 사람들은 벌써 '코로나 이후의 시대'를 이야기한다. 코로나가 절대로 끝날 수 없다는 현실과 어쩌면 또 다른 전염병이 유행할 수 있다는 가능성, 마스크와 함께 살아가고 대면 접촉을 하지 못하는 삶을 이야기한다.

언젠가 『2032년』의 그것처럼 정말로 치명적인 바이러스가 등장할지도 모른다. 코로나19처럼 전염성이 강하고 잠복기도 길면서 나이와 상관없이 모두에게 위험한 바이러스가 나올 수도 있다. 그렇게 되면 『2032년』 속 제로 콘택트 시대를 맞이할지도 모른다. 어쩌면 코로나19는 그 같은 상황의 예고편이 아닐까?

칼럼

재앙의 생명체, 인간?

최악의 생명체?

"내가 너희 종을 분류하려 했을 때, 너희가 사실은 포유류가 아니라는 것을 깨닫게 됐지. 이 행성에 존재하는 모든 포유류는 주변 환경과 본능적으로 자연적 평형을 발전시키지만, 너희 인간들은 그렇지 않아. 한 지역으로 가서 거기서 증식하고 또 증식해 모든 자연 자원을 써버리지. 너희가 생존할 수 있는 유일한 방법은 또 다른 지역으로 퍼지는 것이야. 지구상에서 똑같은 패턴을 따르는 또 다른 유기체가 있지. 바로 바이러스야. 인간들은 질병이고, 지구의 암이다. 너희는 전염병이고 우리는 치료제지(〈매트릭스〉 스미스 요원의 대사 중)."

SF와 판타지를 비롯한 많은 창작물에서 인류는 더없이 사악하고 위험한 생명체로 소개된다. 스스로 파멸하는 존재이며, '지구의 암'이라 불리는 경우가 많다. 아예 '우주에 존재해서는 안 될 생명체'로 취급되기도 한다. 특히 '인류

175

멸망하는 세계, 인류가 만든 재앙

의 역사는 전쟁의 역사'와 같은 말은 너무도 많이 사용되어서 이제는 싫증이 날 정도다. 끝없이 전쟁을 벌이고 같은 인간을 죽이며 심지어는 인류 전체를 몰살시키기에 충분한 힘과 의지를 가진 존재. 그 존재만으로 생태계에 압도적인 영향을 미치기 때문에 이른바 '인류세'라는 것이 필요하다는 주장까지 제기되는 존재. 인류를 없애거나 통제해야 한다는 주장이 SF 작품에서만이 아니라 현실에서도 꾸준히 제기된다. 이처럼 많은 작품에서 재앙을 논하는 건 그만큼 인간이 최악이기 때문일까?

SF 속 재난은 그 원인에 따라 자연 재앙과 외계의 침공, 그리고 인류의 자멸로 크게 나눌 수 있다. 여기에서는 이중 '인류의 자멸'에 초점을 맞추어 소개한다.

최종 전쟁(아마겟돈, 하르마게돈)

최종 전쟁은 신화와 전설에서도 자주 등장한다. 구약의 『요한 계시록』이나 북유럽의 '라그나뢰크' 같은 신화 속 최종 전쟁은 모두 선과 악의 거대한 대결로서 이야기가 시작된다. 그 전쟁은 세상을 파괴하지만 모두 '평화로운 신세계의 시작'으로 이어지면서 희망을 남긴다.

SF 속 최종 전쟁은 문명이 완전히 무너지고 절망 속에서 삶이 이어지는 포스트 아포칼립스 세계로 넘어간다는 점에서 암울한 느낌이 많다. 소설 단편집 『최후의 날 그 후』에서는 정해진 스케줄에 맞춰 불을 켜고 식사를 챙기는 등 인간을 위해 활동하는 집의 이야기가 나오는데, 사람들의 모습이 전혀 보이지 않는다는 점에서 소름 끼친다.

한편, SF 속 최종 전쟁은 스스로 파멸하는 형태로 진행되는 경우도 적지 않다. 쥘 베른의 『인도 왕비의 유산』에서는 두 과학자가 막대한 유산을 바탕으로 이상적인 국가를 세워 경쟁한다. 무기 개발에 투자한 과학자는 다른 도시를 공격하고자 가스 무기를 개발하지만, 실수로 가스가 유출되어 자신이 죽는 결과를 맞이한다. 이처럼 최종 전쟁 이야기는 최초의 대량 살상 병기인 독가스에서 시작됐지만, 오래지 않아 더욱 끔찍한 병기로 바뀌었다.

핵전쟁 이후가 배경인 게임 '메트로' 시리즈. 지하철 내부에서 살아가는 암울한 세계를 잘 연출했다.

3장
멸망하는 세계, 인류가 만든 재앙

물리학자 레오 실라르드는 H. G. 웰스의 소설 『해방된 세계The World Set Free』(1914)에서 영감을 얻어 중성자 연쇄 반응을 발견하고 이를 이용해 핵폭탄을 개발했다. 첫 번째 실험 당시 누군가가 이를 '악마의 태양'이라고 불렀지만, 오래지 않아 그보다도 몇십, 몇백 배 강력한 수소 폭탄이 개발되면서 종말 시계가 돌아가기 시작했다.

미국과 소련을 중심으로 진행된 핵병기 개발 경쟁으로 각국은 잔류 방사선으로 피해를 키울 수 있는 '핵의 재'를 몇 배나 늘리는 코발트탄이나 강렬한 방사선으로 생물만 죽인다는 중성자탄 등 새로운 무기를 늘려나갔고, 지구를 몇 번이나 불바다로 만들 수 있는 양을 보유하기에 이르렀다. 나아가 영국이나 프랑스, 중국 등 핵보유국이 꾸준히 늘어나며 '최종 전쟁'에 대한 위기감은 더해졌다. 지금도 분쟁을 거듭하는 인도와 파키스탄이 서로 핵병기를 겨누고 있고, 독재 국가로서 통제가 어려운 북한이 핵을 보유하는 등 현재도 3차 대전에 대한 우려는 계속되고 있다. 그 결과, 핵이나 비슷한 무기에 의한 최종 전쟁으로 문명이 붕괴한 상황은 포스트 아포칼립스물의 대표적인 배경으로 손꼽힌다. 특히 '고작 몇십 초 전쟁으로 인류 문명이 붕괴했다'와 같은 연출은 최종 전쟁 시나리오의 기본 배경이 된다.

핵전쟁 포스트 아포칼립스에는 먼지로 햇빛이 차단되

면서 생겨나는 핵겨울, 방사능을 피한 지하 생활, 그리고 방사능 돌연변이가 자주 등장한다. 전쟁 병기나 기술이 다시 사용되는 설정도 자연스럽다. 또한, 이 과정에서 전파를 차단하는 나노 머신 같은 물건이 개발되어 그로 인해 전파 기술이 사라져버리는 등 다양한 연출이 등장한다.

환경 재앙

오래전부터 사람들은 세상이 어지러워지고 질서가 사라지면 재앙이 찾아온다고 믿었다. 홍수나 가뭄 같은 자연재해는 통치자의 잘못에 대한 하늘의 징벌이라고 믿은 만큼, 반란의 근거가 되기도 했다. '잘못을 저지른 인간에게 홍수로 벌을 내린다'라는 대홍수 이야기는 수메르 신화를 시작으로 구약 성경이나 그리스 신화를 비롯한 세계 각지 신화에서 볼 수 있으며, 사악한 도시를 재앙으로 벌하는 '소돔과 고모라' 같은 이야기도 드물지 않다. 이는 고대인들이 예기치 못한 재앙을 '신벌'과 연결했기 때문이다. 과학이 발달하면서 재앙과 신벌의 관계는 멀어졌고, 온실 효과와 같은 인류 활동으로 인한 문제가 발생하면서 SF에서 인간이 일으킨 환경 재앙 이야기가 늘어나기 시작했다.

초기의 재앙물은 산업혁명으로 환경 오염이 심해지면서 '오염된 세계'를 설정한 경우가 많다. 이러한 설정은 이후

3장
멸망하는 세계, 인류가 만든 재앙

에도 이어져 시로 마사무네(『공각기동대』의 작가)의 만화 『애플시드』처럼 모두가 방독면을 쓰고 다니는 상황이 종종 등장한다. H. G. 웰스의 『타임머신』에서는 공해가 너무 심한 나머지 모든 공장 시설을 지하에 묻어버리고, 노동자들은 지하에서, 부유층은 지상에서 사는 동안 종족 자체가 나뉜다는 설정이 등장한다. 반대로 공장은 모두 밖으로 꺼내고, 사람들이 밀폐된 도시 안에서만 살아가는 작품도 적지 않다.

근래에는 지구 온난화 때문에 일어난 재앙이 자주 등장한다. 일찍이 J. G. 발라드는 『물에 잠긴 세계The Drowned World』(1962)에서 이상 고온으로 극지방의 얼음이 녹아 대다수 지역이 물에 잠긴 세계를 묘사했다. 당시엔 온실 효과가 알려지지 않아서 그 원인이 명확하게 나오지 않지만, 물에 잠긴 세계에서 살아가는 사람들과 고대 생명체가 부활한다는 설정 등은 온실 효과를 포함한 여러 원인으로 해수면이 상승하는 내용을 담은 작품 연출에 영감을 주었다.

현실에서 온실 효과에 의한 해수면 상승은 점진적으로 진행되지만, SF 세계에서는 애니메이션 〈신세기 에반게리온〉 속 '세컨드 임팩트'처럼 어떤 사건으로 인해 급격하게 전개되는 사례가 많다. 가령 애니메이션 〈청의 6호〉에서는 한 과학자의 계획으로 극지방 얼음이 녹아서 한순간에 해안 도시가 전멸하고, 그러한 바다를 무대로 과학자가 만들어낸

수중 종족과 인간의 대결이 펼쳐진다(실제로는 극지방 얼음이 녹는 것보다는 바닷물이 데워지면서 부피가 팽창하는 것이 해수면 상승에 더 큰 영향을 미친다).

　실제로 온실 효과는 단순히 기온 상승만 불러오지 않는다. 여름은 더 덥고 겨울은 더 추워질 수 있으며 한쪽에서는 폭우가 내리는가 하면 다른 쪽에서는 사막이 넓어지면서 극단적인 기후가 생겨날 수 있다. 그런 만큼, 매우 다양한 세계와 상황을 연출할 수 있다. 일설에는 지구 온난화가 심해지면 지구를 거의 뒤덮을 만한 규모의 태풍이 계속될 가능성도 있다고 하는데, 태풍의 눈을 따라서 이동하며 살아가는 독특한 유목 민족 이야기도 생각해볼 수 있다.

해수면이 상승한 세계를 무대로 잠수함
전투를 흥미롭게 연출한 〈청의 6호〉.

3장
멸망하는 세계, 인류가 만든 재앙

만화『카페 알파』처럼 환경 재앙으로 인한 인류 멸망을 비교적 평온한 느낌의 황혼기로 묘사하는 사례도 많지만, 한정된 자원을 빼앗으려 최종 전쟁을 벌임으로써 급격한 멸망이 일어나기도 한다. 영화 〈인터스텔라〉에서는 환경 재앙 자체보다도 그로 인한 병충해나 환경 변화로 인류의 먹거리가 부족해지는 상황을 이야기하는데, 근래에 작물의 질병만이 아니라 메뚜기떼에 의한 피해가 급증하면서 이러한 우려가 커지고 있다.

전염병 대확산

전염병 자체는 자연에서 얼마든지 발생할 수 있지만, SF에서는 인류가 인위적으로 만들거나 활동 영역을 넓혀 가다가 마주치는 형태로 등장하는 경우가 많다.

인류가 만든 전염병 재앙 이야기는 게임 〈바이오하자드〉처럼 생물 병기가 누출되면서 진행되는 것이 대중적이지만, 영화 〈나는 전설이다〉나 〈혹성탈출: 진화의 시작〉과 같이 처음에는 치료 약으로 개발했지만, 그것이 결과적으로 인류를 멸망으로 몰아가는 사례도 많다. 특히, 박테리아나 바이러스를 이용한 유전자 치료 기술이 등장하면서 이로 인해 재앙이 일어나는 상황이 자주 연출된다. 영화 〈12 몽키즈〉나 소설 『레인보우 식스』처럼 인류가 멸망해야 한다고 생각한 환경주의자가 치명적인 세균을 개발해 퍼트린다는 설정도 친숙하다.

생물학 테러는 핵폭탄이나 화학 병기와는 달리 매우 적은 양으로도 큰 피해를 줄 수 있으며, 대상을 특정하기 쉽다는 장점 때문에 SF에서 자주 등장한다. 전염병의 경우에는 에볼라처럼 죽음을 가져오는 것도 있지만, 최근엔 좀비 바이러스가 많은 편이다. 엔도 히로키의 만화 『에덴』이나 애니메이션 〈벡실 2077 일본쇄국〉 등 인간이 돌처럼 변해버리거나 몸의 세포가 나노 머신으로 바뀌는 설정도 있다(〈벡실 2077 일본쇄국〉에서는 나노 머신 주사가 이런 결과를 낳았지만, 스스로 증식한다는 점에서 일종의 전염병 재앙이라 볼 수 있다). 마이클 크라이튼의 소설 『먹이』처럼 나노 머신이 증식하면서 생물체를 공격하는 것 역시 전염병 재앙의 일종이다. 초기의 나노 머신 설정은 인체 내부에서 병을 치료하거나 특수한 장갑복을 만드는 등의 형태로 자주 나왔지만, '자기 복제' 능력이 강조되면서 이 같은 재앙물에서도 종종 눈에 띈다.

인류가 활동 영역을 넓혀 가다가 미지의 전염병을 만나는 사례도 생각할 수 있다. 코난 도일의 소설 『잃어버린 세계』에서 아마존에 나갔다가 공룡을 만났듯이, 어딘가 숨어 있는 질병을 마주칠 가능성은 적지 않다. 실제로도 에볼라나 에이즈 등 깊은 밀림 속 바이러스가 인류에게 전파된 사례가 많으며, 지금 유행하는 코로나19 역시 깊은 산 속 동굴에 살던 박쥐로부터 전파된 것으로 여겨지고 있다. 근래에는 극지방 얼음이 녹으면서 그 안에 있을지도 모르는 고대 바이러스가 퍼져나갈 수도 있다고 한다.

마이클 크라이튼은 데뷔작 『안드로메다 스트레인』에서 인공위성을 통해서 외계 병원균이 지구에 들어오는 이야기를 선보였다. 아폴로 11호가 달에 착륙한 1969년에 나온 이 작품은 엄청난 인기를 끌며 영화와 드라마로도 제작됐고, '우주 바이러스'에 대한 공포를 가져왔다. 많은 학자가 방사선이 많은 우주에서 미생물이 변질할 위험성을 경고하는데, 2001년 폐기된 우주 정거장 미르호가 무엇이든 먹어치우는 우주 바이러스 때문에 못 쓰게 됐다는 음모론이 나오기도 했다. 변형된 바이러스가 아니더라도 우주 승무원들은 면역력이 떨어지는 만큼 이런 것들에 감염되기 쉽고, 이 과정에서 치명적인 변이가 일어날 가능성도 적지 않다.

전염병 재앙은 문명이 아니라 생물만이 파괴된다는 것이 특징이다. 전염병은 감염 대상이 한정되는 만큼, 이 상황에서도 무사한 생명체는 얼마든지 있을 수 있다. 전염병으로 인한 멸망을 소재로 한 최초의 작품 중 하나인 메리 셸리(『프랑켄슈타인』의 저자)의 소설 『최후의 인간』에서도 인간만 죽게 할 뿐, 다른 동식물엔 영향이 없는 전염병 때문에

드라마로 제작된 〈안드로메다 스트레인〉.
외계 전염병의 공포를 잘 연출했다.

인류가 사라져간다. 근래에는 브라이언 K. 본의 그래픽 노
블 『Y: 와이 더 라스트 맨』이나 아민더 달리왈의 그래픽 노
블 『우먼월드』처럼 '수컷'이나 '남성', '노인' 등 감염되는 성
별이나 인종, 나이를 한정한 흥미로운 연출도 나오고 있다
(코로나19도 노인에게 치명적인 만큼, 노인 인구를 줄이기 위한 생
물 병기라는 음모론이 나올 수 있다).

디지털 사회의 종막

현대 사회는 모든 것이 전자·디지털 기술에 의해서 움
직인다. 우리가 먹고 입고 생활하는 데 필요한 모든 것은 전
자화된 화폐를 통해서 거래되고 있으며, 모든 정보도 전자

에 의해서 저장되어 운용되고 있다. 만일 이러한 전자 기술에 어떤 문제가 발생한다면 재앙이 일어날 것이다. 특히 경제와 관련한 전자 기술에 문제가 생긴다면 세상은 한순간에 혼란에 빠질 수 있다.

톰 클랜시의 소설 『적과 동지』에서는 일본 재벌에게 고용된 프로그래머가 증권거래소 시스템을 해킹해 모든 정보를 날려버리는 상황이 벌어진다. 그 결과, 누가 증권을 얼마나 갖고 있고 어떤 거래가 이루어졌는지 전혀 알 수 없게 되고 미국 경제는 혼란에 빠진다. 미국 경제는 세계 경제와 깊이 관련된 만큼 혼란이 계속된다면 전 세계에 파국이 찾

톰 클랜시의 『적과 동지』. 디지털 테러로 인한 경제 붕괴도 흥미롭지만, 여객기를 이용한 9·11 테러를 예지한 작품으로 잘 알려졌다.

아오고 혼란을 피할 수 없다.

이러한 재앙은 우리의 생명 자체를 위협하지는 않겠지만 수많은 이의 삶을 파괴할지도 모른다. 디지털 기술로 인한 위협은 해를 거듭할수록 더해지고 있다. 모든 것이 디지털이나 전자 정보로 넘어가고 있기 때문이다.

SF에서는 태양풍 폭발 같은 우주적 재앙이나 데이터 칩을 파괴하는 나노 머신 공격으로 지구의 디지털 시스템이 파손되어 정보가 날아가는 상황이 자주 등장한다. 이로 인해 사회가 붕괴하고 혼란한 와중에 전쟁 등이 일어나서 문명이 무너지는 연출이 대표적이다.

우주를 무대로 한 작품 중에는 애니메이션 ‹갤럭시 엔젤›처럼 어떤 이유로 성간 이동 기술이 소실되면서 고립된 인류 문명이 퇴보하거나, 아이작 아시모프의 소설 ‘파운데이션’ 시리즈처럼 경제 규모가 지나치게 커지고 기술이 너무 다양하게 나뉘면서 기술 개발이 퇴보하고 문명이 점차 쇠퇴하는 상황도 등장한다. 실제로 로마가 붕괴하고 여러 건축 기술이 기억에서 사라졌고, 현재도 기존 기술을 아는 이가 줄어들면서 잊히는 사례가 적지 않다. 예를 들어 미국 나사NASA에서 우주 탐사의 중심이 우주 왕복선으로 바뀌면서 달에 날아가는 데 사용한 새턴 로켓급의 거대 로켓 개발 기술이 사라져 대형 로켓 개발에 어려움이 생겼다고 한다.

기술의 반란

"한 랍비가 성스러운 의식으로 진흙을 빚어 '골렘'을 만들었다. 골렘은 신의 언어로서 힘을 얻어 명령대로 행동하며 일을 도왔지만, 어느 순간 문제가 생겨 폭주했다. 그리하여 랍비는 골렘에게 내린 신의 언어를 빼앗아 골렘을 멈추었다(유대교 전승)."

유사 이래, 인류는 자기 대신 일해줄 어떤 존재를 만들고자 했다. 신화 속에서 인간이 '신을 대신해 일할 존재'로서 만들어진 만큼, 우리 역시 신들처럼 하고 싶다는 마음을 가졌기 때문일지도 모른다. 하지만 우리가 신에게 그러했듯이 인간이 만든 존재도 불만을 품고 반항하거나 문제를 일으킬 가능성이 얼마든지 있다. 인간이 만든 어떤 존재가 인간을 위협하는 이야기는 수없이 많다(4장 칼럼 참고).

포스트 아포칼립스, 재앙을 넘어서

재앙 이야기는 위기 속 인간의 모습으로 감동을 전한다. 살고자 발버둥 치는 사람, 목숨을 걸고 남을 구하는 사람, 그리고 어떻게든 일상을 지키려는 사람. 다양한 삶의 모습이 재앙을 통해 더욱 강조되면서 흥미를 끈다.

하지만 SF에서는 재앙보다도 그 이후의 상황을 더 많이 이야기한다. 재앙에서 살아남은 사람의 이야기에 주목해 인간의 모습을 보여주는 것이다. 이러한 작품을 묵시록(아포칼립스) 이후라고 해서 '포스트 아포칼립스Post Apocalypse'라고 한다.

포스트 아포칼립스는 재앙의 원인이나 피해보다는 살아남은 사람의 삶에 초점을 맞추어 '어떤 상황에서도 인간의 본성은 달라지지 않는다'는 이야기를 펼쳐낸다. 원시시대부터 최첨단 기술을 자랑하는 미래까지 생활 수준은 매우 다양하지만, 주로 혼란한 사회 모습을 그린다. 서로 간의 분쟁이 이어지며 재앙보다 더 파괴적인 결과를 낳는다. 하지만 실제 역사는 조금 다를 수 있다. 로마 멸망 이후 중세 유럽은 익히 알려진 것만큼 암흑시대는 아니었으며 생각보다 평화로웠다.

모아이로 유명한 이스터섬도 이 같은 포스트 아포칼립스의 역사를 체험했다. 일찍이 이스터섬은 먼 곳에서 이주한 사람들에 의해서 번성했다. 현재는 황량한 벌판처럼 보이지만 사람들이 이주할 당시에는 야자나무가 울창하고 수많은 동물이 사는 낙원이었다. 그런데 인구가 늘어나면서 환경은 급격하게 변화했다. 모아이를 세우고, 바다에 나갈 배를 만들면서 나무가 빠르게 줄어 땅이 황폐해졌다. 그 결과, 바다로 들어가는 영양분이 줄고 물고기 수도 감소했다. 식량을 얻으려면 더 멀리 나가야 했지만 배를 만들 나무

모아이가 서 있는 이스터섬. 지금은 황량한
이 땅은 본래 낙원 같은 곳이었다.

도 충분치 않았고, 사람들은 얼마 남지 않은 식량을 두고 다
투기 시작했다. 환경 파괴로 생활이 곤궁해졌고 식량을 빼
앗는 쟁탈전 끝에 지하로 도망쳐 식인을 하는 사람도 생겨
났다. 사람들은 적을 피해 동굴로 숨어들었고, 바깥으로 구
멍을 내어 작물을 재배했다. 이처럼 이스터섬은 포스트 아
포칼립스의 전형적인 모습을 보여주었다. 하지만 그 결말은
조금 달랐다.

　이스터섬 사람들은 부족한 식량을 골고루 나눌 방법
을 찾았다. 이를 위해 매년 새로운 지도자를 선정했다. 가까
운 섬에서 새의 알을 가장 먼저 가져온 사람이 '버드맨'이라
불리는 지도자가 됐는데, 1년 동안 섬을 통치하며 식량을 공

정하게 나누었다. 그들의 생활은 절대로 풍족하지 않았지만, 더 이상 지하로 도망칠 필요는 없었다. 이스터섬의 문명은 결국 멸망했지만, 유럽인의 침략 때문이었을 뿐 그들 탓은 아니었다.

포스트 아포칼립스 상황에서 혼란에 빠졌지만 슬기롭게 극복해나간 이스터섬 이야기는 인간이 〈매트릭스〉 속 스미스 요원의 생각처럼 절망적인 존재가 아니라는 것을 깨닫게 한다. 인간이 재앙을 낳고 위기에 몰려 어둠에 빠질 순 있지만, 그 어둠 속에서도 평화롭게 살 길을 찾아간다는 것을 알 수 있다.

재난의 교훈

요코야마 미쓰테루의 만화 『마즈』에서는 오래전 지구를 찾아온 외계인들이 인간의 잔혹한 성향을 보고 '지구인들이 이대로 우주에 나오게 되면 위험하다'고 생각한다. 그들은 강력한 폭탄과 함께 감시자를 남겨두지만, 파괴를 명령해야 할 주인공 '마즈'는 다른 감시자들의 말을 거부하고 그들과 맞서 싸운다. 인류를 위해 감시자들을 모두 물리친 마즈. 하지만 그 앞에서 서로 싸우는 인간의 모습에 절망한 마즈는 지구를 파괴한다.

이처럼 다수의 재난물에서 인간은 사악한 존재로 그려

진다. 모든 재앙은 인간이 일으키고, 자연과 외계에서 벌어진 재앙도 모두 인간의 죄악 때문이라고 말한다. 실제로 인간에게는 문제가 있을지도 모른다. 하지만 이런 작품이 많다는 것은 그만큼 인간이 자신의 행위를 반성한다는 의미가 아닐까?

신화 속에서 사람들은 천벌을 받지만, 그들이 모두 사라지지는 않는다. 그중 현명한 일부는 살아남아 자신의 행위를 반성하고 올바른 길을 찾아간다. 그리하여 앞으로 일어날지 모를 재난을 피하게 된다. SF 속 재난도 그와 같은 것일지도 모른다. 재난물 덕분에 우리는 실제로 그런 상황을 겪지 않고도 체험할 수 있으며, 반성을 통해 조금 더 일찍 자신의 행동을 바꿀 기회를 얻을 수 있다.

'인간은 지구의 바이러스'라는 말이 어쩌면 사실일지도 모른다. 하지만 우리는 바이러스와 달리 '상상력'을 가졌다. 신화와 SF를 접하면서 우리는 상상력을 발휘해 재난과 그 후의 삶을 떠올릴 수 있다. 상상을 통한 예측으로 재난을 피할 길을 찾아내는 것. 그것이 바로 우리가 재난물을 만들고 즐기는 이유일 것이다.

코로나19와
전염병의 역사

2019년에 발견됐다고 하여 코로나19라고 불리는 신종 바이러스는 21세기에 인류를 위협하는 강력한 재앙으로 위세를 떨치고 있다. 백신이 나와도 종식되지 않고 생활 방식을 근본적으로 바꿀 것이라는 이 바이러스와 함께 전염병의 역사를 소개한다.

귀신이 넘쳐나는 세상

알렉산더 대왕은 모기가 옮긴 열병으로 30대 초반에 사망했다(독살이나 그 밖의 질병이라는 설도 있다). 페르시아와 이집트와 중동 일대를 정복하고 인도까지 진출해 거대한 제국을 세운 직후였다. 그가 더 오래 살았다면 세계의 역사는 엄청나게 바뀌었겠지만, 그 모든 가능성은 전염병 한방에 사라졌다.

전염병은 인류에게 가장 위험한 적이자 큰 수수께끼 중 하나였다. 수많은 이들이 병의 정체를 궁금해했고, 온갖 가설이 떠돌았다. 옛날 사람들은 전염병을 '귀신' 탓으로 여겼다. 수메르 신화에는 '귀신 쫓기'를 담당하는 신이 나오는데, 그는 바로 의술의 신이었다. 한국에서도 '처용'의 모습을 문에 붙여서 역귀를 쫓았는데,「처용가」에 병에 걸린 아내를 치료하고자 굿을 하는 내용이 나오기 때문이다.

하지만 사람들은 굿에만 의존하지 않고 치료 약을 찾아다녔다. 신비한 자연의 치유력을 믿었기에 나무껍질이나 열매 등 이것저것을 시험하며 약으로 사용했다. 고대 중국의 신농은 다양한 약재를 직접 먹으며 약효를 시험하다가 외모가 엉망이 됐다고 한다.

병을 치료하는 방법 중에는 몸에서 나쁜 피를 뽑아내는 사혈瀉血법도 있었다. '로빈 후드 이야기'에는 병에 걸린 로빈 후드가 이 치료를 받다가 왕이 매수한 치료사의 음모로 죽는 장면이 나온다. 중세 유럽의 목욕탕에서는 병을 치료할 목적에서만이 아니라 피로 해소에도 좋다고 하여 사혈법을 사용했지만, 과학적인 증거는 없었다.

병과 관련한 가장 대중적인 소문은 나쁜 공기로 인해 병에 걸린다는 '나쁜 공기설'이었다. 병자 주변에서는 안 좋은 냄새가 나는 경우가 많은데, 이 냄새 나는 공기가 병을 옮긴다는 것이었다. 과학적 사실과는 거리가 멀었지만 이 때문에 전염병이 돌 때 얼굴을 가리는 의사가 늘어났고, 결과적으로 감염을 예방하는 데 이바지했다.

하지만 대다수 사람은 이를 따르지 않고 미신에 의존했다. 심지어 심한 상처에 죽은 쥐를 문지르며 기도하는 사람도 있었다. 일부는 전염병이 사악한 마법 때문이라고 믿고, 악마와 손을 잡은 마녀를 찾아 나섰다. 그렇게 마녀사냥으로 희생된 사람 중에는 오랜 경험으로 자연 약재에 대한 지식을 가진 현자들도 적지 않았다.

검은 죽음과 묵시록의 네 기사

1346년, 크림 반도에서 일어난 전쟁이 새로운 국면을 맞이했다. 카파를 포위한 타타르인들 사이에 기묘한 질병이 돌기 시작한 것이다. 시민들은 '천벌'이라 여겼지만, 기쁨은 오래가지 않았다. 침략자들이 시체를 투석기로 날리면서 병은 순식간에 성안에 퍼졌고, 사람들은 고향을 버리고 서쪽으로 도망쳤다. 그들을 위협한 죽음과 함께…. 페스트, 손발이 검게 변하며 죽어가기 때문에 흑사병이라 불린 이 병은 그렇게 유럽에 퍼져나갔다.

쥐의 벼룩이나 머릿니를 통해 옮겨지는 이 질병은 아시아에서 생겨나 무역로를 통해 전해졌다고 한다. 배와 사람이 들어올 때마다 죽음도 함께 밀려왔고 이를 막으려는 이들이 생겨났다. 이탈리아의 한 항구에선 선박과 여행자를 항구 인근 섬에 40일간 머물게 했는데, '40일'을 뜻하는 베네치아 사투리 'quarantagiorni'에서 '격리', '검역'을 뜻하는 'quarantine'이란 말이 나왔다(한국에서도 환자와 주검을 성 밖에 격리했으며, 출산 시엔 산모를 병에서 보호하고자 금줄을 쳐서 다른 사람을 들어오지 못하게 하는 전통이 있었다).

하지만 격리 조치는 널리 퍼지지 않았다. 사람들은 쌓여가는 시체를 처리하지 못하고 환자나 시체와 뒤섞여 살았다. 가성 결핵균이 변이되어 만들어진 페스트로 인해 5년 만에 유럽에서만 2천만 명, 당시 인구의 3분의 1에 달하는 사람이 죽었다. 킴 스탠리 로빈슨의 대체 역사 소설 『쌀과 소금

킴 스탠리 로빈슨의 『쌀과 소금의 시대』. 페스트의 위협이 조금만 더 심했다면 이 이야기가 현실이 됐을지도 모른다.

의 시대』처럼 페스트는 유럽인을 거의 절멸시킬 뻔했지만, 동시에 사회를 급격하게 발전시켰다. 병원이 정비되고 의사가 직업으로 정착했으며 과학이 주목받게 됐다.

적을 찾아내다!

16세기에 노스트라다무스(실제 이름은 미셸 드 노스트라담)라고 불린 의사는 시체를 묻고 물을 끓여서 마시면 페스트에 걸릴 가능성이 줄어든다는 사실을 알아냈다. 그는 쥐의 사체도 모아 태워버리게 했는데 이런 경험으로 위생의 중요성을 깨닫게 된다.

19세기 중반에는 존 스노가 더러운 물을 통해 콜레라균이 옮겨진다는 사실을 밝혀냄으로써 상하수도를 정비하

예언자로 유명한 노스트라다무스는 위생에 대한 관점을 바꿨다.

3장
멸망하는 세계, 인류가 만든 재앙

고 콜레라와 같은 수인성 전염병의 유행을 막았다. 당시 사람들은 우물이나 펌프 주변에 쓰레기와 오물을 그대로 버렸는데, 존 스노는 콜레라 환자에 대한 역학 조사를 하면서 오염된 펌프가 원인임을 깨달았다. 물도 병의 원인이 될 수 있다는 사실에 유럽 전역에서는 상하수도를 정비하기 시작했다.

19세기 말에는 로베르트 코흐가 탄저병에 걸린 동물 피를 다른 동물에게 주사해 세균이 병을 옮긴다는 것을 알아냈다. 탄저병에 걸린 동물의 피를 주사하자 건강했던 동물 피에 탄저균이 득실대기 시작한 것이다. 탄저병에 이어 결핵이나 콜레라 등 여러 질병을 연구한 그는 한 도서관에서 강연을 시작했다. 강연장은 '나쁜 공기설'을 믿던 수많은 반대자로 가득했지만, 그가 강연을 마친 후에는 누구도 반대 의견을 내지 않았다. 인류를 오랫동안 지배한 '나쁜 공기설'은 이렇게 사라졌다.

매균설로 의학 역사는 바뀌었지만, 이 과정에서 헝가리의 의사 이그나즈 제멜바이스 같은 희생자도 있었다. 산모들의 주요 사망 원인인 산욕열을 연구하던 그는 환자나 시체를 만진 의사 손에 남은 '시체 입자' 때문에 병에 걸린다는 이론을 제기하며 깨끗한 옷을 입고 손 소독하기를 주장했다. 하지만 그는 환자의 피와 고름으로 범벅이 된 옷을 훌

류한 의사의 상징으로 여긴 사람들에 의해 학계에서 추방당했고, 정신병원에서 외롭게 숨을 거두었다.

최초의 승리 선언

16세기 초, 아메리카에 황금을 노린 침략자가 찾아왔다. 그들은 강철과 화약으로 무장했지만, 진정한 공포는 따로 있었다. 천연두라는 오랜 기간 인류를 괴롭힌 악마가 함께 밀려온 것이다. 용맹한 아스텍도, 강대한 잉카도, 이 보이지 않는 침략자에겐 맞서지 못했다. 병에 걸린 원주민 열 명중 아홉 명이 쓰러졌고, 그와 함께 제국도 무너졌다.

천연두는 최소한 기원전 1만 년경부터 존재한 질병으로, 매년 수십~수백만 명이 이 병으로 죽거나 시력을 잃고, 신체의 자유를 빼앗겼다. 신의 화신인 파라오조차 천연두는 이길 수 없었다. 하지만 20세기 후반에 천연두는 역사상 최초로 '종식된 질병'으로 기록된다. 이는 에드워드 제너가 이름 붙인 '백신'이란 무기 덕분이었다. 제너는 젖소가 걸리는 천연두의 일종인 우두에 감염된 사람은 천연두에 걸리지 않는다는 것을 응용해 종두법과 함께 '백신'(라틴어로 암소를 뜻하는 바카vacca에서 나온 말)이라는 말을 전파했다.

'백신'은 인체 면역 기능을 이용하는 기술이다. 세균처럼 몸을 위협하는 적이 들어오면 우리 신체는 이에 맞서는 데 필요한 무기인 항체를 만들어낸다. 면역 세포는 정보를 기억하고 있다가 이후에 같은 적이 등장하면 항체를 생성해서 이에 맞선다. 항체라는 무기로 질병을 막아내는 것이다. 일종의 '약하거나 죽은 병원균'이라 할 수 있는 백신을 주입하면 우리 몸은 병원균이 들어왔다고 생각해 항체를 만들고 기억한다. 그리고 나중에 병원균이 들어오면 이에 맞서 항체를 만들어 병원균을 몰아낸다. 이렇게 백신의 원리가 개발되면서 수많은 백신이 탄생하기 시작했다.

루이 파스퇴르는 균을 약하게 만들어 항체를 얻는 방법을 발명했다. 이는 실험 보조의 게으름 덕분이었다. 닭 콜레라 실험 중 보조가 깜빡 잊고 며칠 뒤에야 균을 주입했는데, 놀랍게도 닭은 죽지 않았다. 며칠 사이에 약해진 균이 닭의 항체 형성을 도왔다고 생각한 파스퇴르는 이를 응용해 닭 콜레라와 광견병 백신을 개발했다.

백신과 함께 인류는 세균에 맞서는 또 다른 무기인 항생제를 갖추었다. 살바르산과 페니실린에 이어 스트렙토마이신 등 다양한 항생제가 개발되면서 매독이나 패혈증, 결핵과 같은 온갖 감염증에 맞서게 됐다.

보이지 않는 위협, 바이러스
백신도 항생제도 무적은 아니었다. 세균(박테리아) 외에도 질병을 일으키는 존재가 있었기 때문이다. 훗날 '바이러스'라고 불리는 존재에 대해 처음으로 의심한 것은 파스퇴르였다. 광견병 백신을 개발했지만 정작 그 원인이 되는 병원체를 찾을 수 없었던 그는 현미경으로도 발견할 수 없는 병원체가 있다고 의심했지만, 이를 알아내지 못했다.

네덜란드의 미생물학자 마르티누스 베이에링크는 질병에 걸린 담뱃잎을 으깬 추출물을 연구하던 중, 필터로 거른 뒤에도 감염체가 남아 있는 것을 깨닫고 이를 바이러스라고 불렀다. 당시 기술로는 이를 찾을 수 없었지만, 이후 여러 연구를 거쳐 세균과는 다른 특성을 가진, 아니 생물이라고도 무생물이라고도 할 수 없는 독특한 존재인 바이러스가 발견됐다.

바이러스는 일반적인 세균의 100분의 1 정도 크기로, 세균과 달리 독립적으로 활동하거나 증식하지 않는다. 다른 유기체의 살아 있는 세포 안에서만 활동하면서 자신을 복제하고 분열한다. 항생제가 듣지 않고, 일부는 면역 반응도 통하지 않는다. 다른 세포에 기생하고 증식하면서 여러 유전자를 받아들이기 때문에 매우 빠르고 다양하게 변화하며, 때로는 유전자에 악영향을 주고 면역 체계를 망가뜨린다(최근 연구에 따르면 홍역에 걸리면 면역 기능이 초기화되어 다른 병에도 쉽게 걸릴 수 있다고 한다. 이는 홍역으로 인한 합병증이 자주 일어나는 원인 중 하나로 여겨진다).

바이러스는 백신을 만들기 어렵다. 치료용 항바이러스제는 대개 특정 바이러스의 복제를 방지하는 것에 그친다. 바이러스를 죽이는 박멸제도 특정한 바이러스에만 듣는 데다 개발하기 힘들다. 부작용도 문제지만, 바이러스의 변이가 빨라서 언제까지 듣는다는 보장도 없다. 실례로 가격이 저렴하고 A형 인플루엔자 전반에 치료·예방 효과가 있어 신종 플루의 특효약으로서 사랑받은 타미플루에 대해서도 내성을 지닌 바이러스가 점차 등장하고 있다.

바이러스는 오래전부터 인류를 위협했다. 20세기에도 천연두로 3~5억 명이 희생됐고, 소아마비는 태초부터 수많은 이의 목숨을 앗아갔는데, 1980년대까지만 해도 매년 수십만 명의 소아마비 환자가 발생했다. 그리고 간염, 풍진, 홍역, 수두, 뇌염, 독감 등 무수한 바이러스성 질병이 여전히 인류를 위협하고 있다.

20세기 초반에는 '스페인 독감'이 세계 전역에 퍼져 전 세계 인구의 3분의 1을 감염시키고, 대략 5,000만 명이 사망했다(스페인 독감은 미국이나 영국에서 발생했지만, 전쟁 중 언론을 검열하지 않은 중립국 스페인에서 소식이 퍼져서 '스페인 독감'이라고 불리게 됐다). 이 질병을 일으킨 인플루엔자 A(H4N1)는 이후 변이를 거듭하면서 여러 번 유행했고, 2009년에도 세계 전역에서 1만 명이 넘는 사망자를 낳은 대유행병의 원인이 됐다. 인플루엔자가 원인이 되어 발생하는 독감은 현재도 많은 사람을 위협하고 있으며, 한국에서도 매년 2,000명 이상이 독감이나 합병증으로 사망한다.

코로나19, 바이러스의 미래

코로나19 감염증은 코로나 바이러스(이하 코로나) 중 하나인 SARS-CoV-2(사스와 증세가 유사하여 이렇게 불린다)에 의해 발생한다. 왕관처럼 돌기를 가진 모양 때문에 코로나Corona(머리에 쓰는 관)라 불리는 이 바이러스는 주로 사람과 동물의 호흡기와 소화기에 감염하여 질병을 일으킨다. 사스Severe Acute Respiratory Syndrom(중증급성호흡기증후군)와 메르스Middle East Respiratory Syndrome(중동호흡기증후군)로 유명하지만, 사실은 감기의 주요 원인이 되는 바이러스이기도 하다.

'감기의 주원인'이라고 해서 별로 위험하지 않게 여겨질지도 모르지만, 코로나 감염증의 하나인 사스나 메르스는 치사율이 각각 7퍼센트와 45퍼센트였다. 코로나19는 (2020년 9월 중순 기준) 약 3,000만 명이 감염됐고, 90만 명 이상이 사망해 치사율이 3퍼센트 내외로 치사율이 10퍼센트에 이른 스페인 독감에 비하면 낮지만, 고연령층은 특히 위험한 데다 무증상 감염으로 확산이 잘된다. 그만큼 의료 체계에 부담을 주기 쉽다는 문제가 있다.

3장
멸망하는 세계, 인류가 만든 재앙

코로나는 간염 같은 질병과 달리 항체 효과가 오래가지 않는다. 사스와 메르스는 아직 확실하지 않지만, 기존의 코로나 항체는 고작 1, 2년이면 효력이 사라진다고 하며, 최근 코로나19 감염자의 항체가 3개월밖에 지속되지 않는 보도도 있었다. 개발 중인 백신은 2년 정도 효과가 계속된다고 하지만, 확실한 치료 약이 나오기 전엔 안심할 수 없으며 백신이 나와도 독감처럼 매년 맞아야 할 가능성이 높다.

코로나는 매우 빠르게 변이한다. 그에 따라 전염성도 위험도도 달라지며 당연히 항체도 달라진다. 21세기에 대유행한 네 개의 질병 중 세 개가 코로나 바이러스가 원인이었을 정도로 변종도 다양하다. 이번에 문제가 된 SARS-CoV-2는 본래는 별로 위험하지 않았던 RaTG13의 변종이라고 한다. 최소한 인간에게 감염되지 않는 바이러스였다. 하지만 바이러스는 변이한다. 2009년의 신종 플루는 본래 인간에게는 감염되지 않는 새의 인플루엔자가 돼지를 거치면서 변한 것이다(정확히는 인간의 인플루엔자와 새의 인플루엔자가 돼지 몸속에서 서로 영향을 주었다). 코로나19도 박쥐 몸속에 있던 바이러스가 다른 동물에게 감염되어 코로나19로 변이했을 가능성이 크다.

코로나19는 계속 변이하고 있으며 치사율이나 감염률이 달라질 수도 있다(실례로 한국에서도 더욱 전염성 강한 코로나가 유행하고 있다). 앞으로 환자 열 명 중 세 명이 죽은 메르스만큼, 아니 그 이상으로 치사율이 높아질지도 모른다. 그렇게 된다면 사스나 메르스와 달리 잠복기가 길고, 잠복기에도 높은 감염력을 가진 코로나19는 스페인 독감보다 훨씬 위험한 질병이 된다. 현재는 젊은이들에게 별로 위험하지 않다고 하지만, 이것 역시 바뀔 수 있다. 예를 들어 스페인 독감 당시엔 20~45세가 전체 사망자의 60퍼센트에 달했다.

우리는 앞으로 찾아올 또 다른 코로나, 또는 인플루엔자의 대유행에 대비해야 한다(얼마 전, 중국에서 신종 인플루엔자가 발견됐다는 소식이 들려왔다). 항생제가 듣지 않고 끊임없이 변이하는 바이러스의 위험을 완벽하게 막을 방도는 없다. 실례로 매년 독감 백신이 만들어지지만(주로 계절이 반대인 남반구에서 유행한 독감을 바탕으로 북반구의 백신을, 반대로

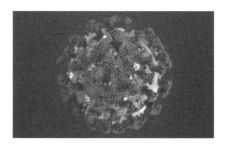

| 코로나19의 구조.

3장
멸망하는 세계, 인류가 만든 재앙

북반구의 독감을 바탕으로 남반구의 백신을 개발한다) 이것으로 독감이 근절되진 않는다.

독감과 같은 호흡기성 질환에 대한 백신은 50퍼센트 정도의 예방 효과를 기대할 수 있다고 한다. 인플루엔자 같은 바이러스가 쉽게 감염된다는 이유도 있지만, 호흡기(코점막이나 상기도)가 상당 부분 외부에 노출되어 있기 때문이다. 면역 세포는 우리 몸 표면으로 잘 나올 수 없기에 항체가 바이러스와 바로 접하기 어렵다. 그나마 많은 이가 백신을 맞으면 '면역 우산Herd Immunity(집단 면역; 면역이 있는 사람들이 감염을 차단하여 보호하는 것)'이 생겨날 가능성도 크지만, 일부 백신 반대주의자들 때문에 백신에 의한 면역 효과가 약해지면서 인플루엔자 유행은 더욱 거세지고 있다.

코로나19 역시 마찬가지일 것이다. 세계 각지에서 코로나19 백신을 개발하면서 백신 접종을 시작한다는 나라도 있다. 하지만 코로나도 호흡기 감염인 데다 변이가 심해 백신 효과는 인플루엔자와 비슷한 50퍼센트 정도로 예상된다. 또 다른 문제는 몇몇 나라에서 백신 공급을 지나치게 서두른다는 점이다. 상황이 시급하기 때문이겠지만, 그 결과 예방 효과가 예상보다 낮거나 부작용이 늘어난다면 백신의 신뢰를 떨어뜨릴 수도 있다.

백신이나 치료 약이 개발되어도 코로나19의 위협은

종식될 수 없다. 하지만 이러한 노력은 절대로 헛된 것이 아니다. 우리는 이미 천연두를 종식했고, 소아마비를 몰아내고 홍역을 퇴치하고 있다. 우리는 전염병의 원인이 세균이나 바이러스라는 것을 알고 있다. 마스크를 쓰거나 격리 조치, 손 씻기와 소독으로 이들을 피할 수 있다는 것을 알고 있다. 그리고 꾸준히 연구를 지속하고 있다. 코로나19 상황에서 세계의 모든 역량이 백신과 치료제 개발, 그리고 코로나 이후의 새로운 삶에 투입되고 있다. 인류 역사상 가장 많은 자원과 노력을 한 질병과의 싸움에 쏟아붓는 것이다.

무엇보다 중요한 것은 코로나19라는 질병이 의료와 위생에 대한 사람들의 생각을 바꾸어 놓고 있다는 점이다. 중세 시대 유럽에서 의사는 단지 '사망을 알리는 사람'으로 천시되었다고 한다. 하지만 페스트의 대유행으로 의사에 대한 생각이 바뀌고, 위생에 신경 쓰면서 의학 발전을 이끌었다. 콜레라에 관한 역학 조사로 상하수도가 정비됐고, 세균이 질병을 옮긴다는 매균설은 소독의 정착과 항생제, 백신 개발로 이어졌다.

먼 훗날, 코로나나 인플루엔자, 또는 광견병이나 소아마비의 변종이 등장할지도 모른다(광견병 변종은 '좀비 바이러스'라고 부를 수도 있다). SF, 그리고 과학은 이러한 가능성을 이미 예견하고 있으며 인류는 이에 맞서고 극복할 것이다.

그리고 여기에는 무엇보다도 전염병과 싸워온 인류의 지식과 이를 바탕으로 최악의 상황을 예측하고 대비하는 상상력이 큰 힘이 될 것이다.

4장

인간이 창조한 지능, AI

철학자 데카르트는 "나는 생각한다. 고로 존재한다"라고 말했다. 지능은 우리를 인간으로서 존재하게 했고, 번영하게 했다. 그런데 지능은 과연 인간의 전유물일까? 『은하수를 여행하는 히치하이커를 위한 안내서』에선 인간보다 돌고래, 생쥐가 더 똑똑하다고 이야기했지만 그들 말고도 우리보다 똑똑한 존재가 있을지도 모른다. 어쩌면 지금 이 순간 탄생하고 있을지 모르는 인공 지능의 이야기를 소개한다.

1 인공 두뇌, 자율 주행차가 펼쳐내는 영웅의 시대

〈전격 Z작전〉

산업 스파이 조직을 추적하던 형사 마이클 롱은 믿었던 동료에게 배신당하고 죽을 뻔하지만 누군가에게 구출된다. 깨어난 그의 얼굴은 완전히 다른 사람으로 변해 있었다. 형사 마이클 롱은 죽고, 정의의 용사 마이클 나이트가 탄생한 것이다. 마이클을 구하고 새 삶을 준 사람은 그에게 세상의 정의를 위해 활동하라고 부탁한다. "한 사람이 변화를 일으킬 수 있다"는 유언과 함께.

마이클에게 주어진 것은 고작 '키트KITT'라는 자동차 하나뿐이었다. 하지만 그것은 평범한 자동차가 아니었다. 인공 지능을 탑재한 키트는 자동으로 움직이고 온갖 무기와 신기술을 뽐내며 활약한다. 인간은 아니지만 믿을 수 있는 동료와 손을 잡은 마이클 나이트. 그는 세상에 변화를 일으킬 수 있을까?

〈전격 Z작전Knight Rider〉은 1980년대에 나온 미국 TV 드라마다. 30년도 더 지난 지금도 기억하는 사람이 많으며 한국에서도 인기를 누렸다. 〈가디언즈 오브 갤럭시〉나 〈엑스맨〉에도 등장했다. 몇 번이고 후속편이 제작됐고, 2008년에는 리메이크되기도 했다.

〈전격 Z작전〉은 악당에 맞서 마이클이 활약하는 액션 드라마이지만 주인공보다 '키트'라는 자동차가 더 돋보이는 작품이다. 날렵하게 생긴 키트는 보기와는 달리 총알도 가볍게 튕겨내는 차체를 가진 무적 차량이다. 게다가 온갖 비밀 무기도 갖추고 있다. 투시 기능으로 벽을 뚫고 적을 추적하고, 점프해서 지붕을 넘으며, 좁은 길에선 한쪽 바퀴만으로 아슬아슬하게 기울어서 지나가는 키트는 슈퍼 히어로에 가깝다.

대단한 것은 키트가 인공 지능 자동차라는 점이다. 컴퓨터가 내장되어 스스로 판단해 달릴 수 있고,

마이클이 타지 않고도 홀로 질주한다. 키트의 인공 지능 시스템 위력은 단순히 자동차를 달리게 하는 것에 그치지 않는다. 경찰이 주차 위반 딱지를 떼러 오면 유리창을 검게 바꾸고 사람이 안에 타고 있는 것처럼 말을 해서 위기를 모면한다. 또 중국인 갱단이 습격할 때는 중국어로 그들을 위협하며 쫓아낸다. 이따금 마이클과 농담을 주고받기도 한다. 혼자서도 자유롭게 달리고, 스스로 주변을 파악해서 마이클을 구하는 키트는 홀로 적에 맞서야 하는 마이클에게는 가장 소중한 동료다.

마이클의 동료로서 키트를 완벽하게 정비하고 개량하는 정비사와 정보를 주고 작전 명령을 내리는 상관도 빼놓을 수 없다. 그 밖에도 많은 사람의 도움으로 마이클은 수많은 범죄 사건을 해결한다. 하지만 "키트, 빨리 와줘"라는 말 한마디에 어떤 위험한 곳이라도 달려가 그를 구해내는 키트가 없다면 마이클이 이처럼 활약할 수는 없을 것이다. 지원군 없이 홀로 적진에 잠입하는 일은 매우 위험하다. 강력하고 똑똑하면서도 자기 자신보다 마이클의 안전을 중시하는 키트는 누구보다도 믿을 수 있는 동료다. 마이클과 동료들은 키트를 믿는다. 절대로 배신하지 않는 동료이며 유사시에는 자신을 희생해서라도 마이클을 구해낼 최고의 파트너라는 것을 말이다.

드라마가 끝나고 30여 년이 흐른 지금 '키트'의 꿈은 점차 현실이 되고 있다. 세계 각지에서 자율 주행 차가 개발되고 상품으로 나오고 있다. 원하는 속도와 방향을 그대로 유지하는 순항 기능Cruiser Drive을 시작으로, 레이더 등을 이용해서 앞차와 너무 가까이 붙지 않게 조절하는 전방 감시 기능, 나아가 레이저를 이용해서 주변 상황을 파악해 컴퓨터 그래픽처럼 정밀한 지도를 만들어주는 라이더LiDAR 같은 시스템에 이르기까지, 자율 주행 차량의 기술은 나날이 발전하고 있다. 목적지만 입력하면 자동으로 달려가는 완전한 자율 주행도 불가능하지 않다.

그러나 아직 키트가 실용화된 것은 아니다. 키트처럼 완벽한 인공 지능에 다양한 무기를 갖춘 차량이 나오려면 앞으로도 많은 시간이 필요하다. 단순히 도로를 달리는 것도 쉽지 않은 상태에서 운전자 없이 달리는 차가 나오려면 더욱 많은 문제를 해결해야만 한다. 자율 주행 시스템으로 인한 사고가 종종 눈에 띄는 만큼, 기술적인 면에서도 아직 완벽하지 않다. 복잡한 도로에서 일어나는 사고, 주차장 같은 곳에서의 주행 문제를 해결할 수 있는 법률 제정도 필요하다.

윤리 문제도 남아 있다. 예를 들어 '사고가 났을 때 누가 책임을 질 것인가'와 같은 문제나 '사고가 날 수밖에 없을 때 누구를 다치게 할 것인가?'(가령 벽으로 돌진하면 운전자가 다치지만, 그대로 질주하면 보행자가 다칠 때 어떻게 할 것인가? 또는 한쪽에는 다섯 명, 한쪽에는 한 명이 있을 때 어떻게 할 것인가?)와 같은 문제를 두고 수많은 사람이 논쟁을 벌이고 있다. 가능하면 아무도 다치지 않게 하는 것이 좋겠지만 언제, 어떤 문제가 생길지는 누구도 알 수 없기 때문이다.

자율 주행차는 언젠가는 실현될 것이다. 사람들은 자면서 출퇴근하고, 운전 중에 책을 보고 게임을 즐길 것이다. 구글 같은 회사가 자율 주행 차량에 관심을 보이는 데는 사람들이 출퇴근할 때 구글을 이용하기를 기대한다는 이유도 있다고 한다.

비행기 시간이 급해서 서둘러 준비해서 뛰쳐나오면 자동차가 알아서 기다리고 있고, 회사에 도착하면 스스로 주차하게 될 것이다. 회사 앞 골목 같은 데가 아니라 멀리 떨어진 주차장으로 직접 이동해서 말이다(영화 〈아이, 로봇〉에서처럼 자동차를 매달아 세우는 방식으로 주차 공간을 줄이는 일도 가능할 것이다). 그만큼 불법 주차는 줄어들고, 좀 더 여유롭게 활동하게 될지도 모른다. 아니, 아예 차를 살 필요가 없을지도 모른다. 자율 주행차라는 것은 필요할 때 언제나 부를 수 있는 택시나 마찬가지인 만큼, 필요할 때 필요한 만큼 빌려서 사용해도 충분하다.

키트는 자율 주행차가 그저 도구가 아니라 믿음직한 동료라는 것을 보여주었다. 함께 이야기를 나누면서 작전을 짜고, 때로는 기분을 풀어주는 좋은 친구라고 느끼게 해주었다. 자율 주행차의 시대가 언제 어떻게 찾아올지는 모르지만, 한 가지는 확실하다. 키트가 있었기에 사람들은 자율 주행차를 향한 꿈에 한 걸음 더 다가갈 수 있었다. 모두가 '자신만의 키트'를 꿈꾸게 해준 것. 그것이 바로 〈전격 Z작전〉이라는 드라마가 지금도 기억되는 이유가 아닐까.

'전격 Z작전' 시리즈

1982년부터 1986년까지 미국 NBC 방송에서 소개된 드라마. 우리나라에선 1980년대 중반에 KBS에서 방영됐다. 주인공보다 자동차(정확히는 컴퓨터) 키트의 활약이 더 눈에 띈다. 컴퓨터로 조작되는 자율 주행차로서 로켓을 이용해 벽 정도는 가볍게 뛰어넘는 점프 능력을 갖추고 있으며, 로켓포도 막아내는 방탄 코팅 덕분에 다른 차와 정면으로 부딪쳐도 거의 타격이 없다.

키트와 달리 독선적인 인공 지능을 가진 프로토타입 카(Karr)나, 인공 지능은 없지만 방탄 코팅이 되어 탱크포도 튕겨내는 트럭 골리앗이 등장해 기술이 악용되는 모습을 보여주기도 했다. 2008년에는 리메이크 작품이 만들어졌다.

자율 주행 차량의 주요 기술

① 초음파 센서(Ultrasonic Sensor)

사람 귀에 들리지 않는 초음파의 반사를 이용해서 거리를 재는 기술. 음파는 물질 표면에 잘 흡수되고 쉽게 퍼져서 10미터 이상 먼 거리는 측정할 수 없다. 자세한 형태나 속도는 파악할 수 없지만 가까운 거리에 대한 정확도가 높아서 주로 주차 시 주변 확인에 사용한다.

② 레이더(RADAR, RAdio Detecting And Ranging)

전파를 보내어 반사되어 돌아오는 진폭이나 반복 주기를 확인하는 도플러 방식으로 물체와의 거리, 다가오는 물체의 위험도를 확인할 수 있다.

③ 라이더(LiDAR, Light Detection And Ranging)

레이저를 이용해 작동하는 장치. 자동차 위에 설치된 장치가 매 순간 360도로 레이저를 쏘고, 반사되는 빛으로 물체와의 거리뿐만 아니라 모양을 파악해 3D 지도를 만든다. 자동차 주변의 모든 상황을 실시간으로 확인하고, 자전거에 탄 사람도 구분할 수 있을 만큼 정밀한 입체 영상을 구현한다. 자율 주행 차량 외에도 유적이나 건물 내부 구조를 파악하거나 멀리 떨어진 달 표면 입체 지도 작성 등에 널리 사용되며, SF 작품에서 사람의 얼굴이나 몸을 스캔해 가면을 만들거나 몸에 딱 맞는 옷을 만들 때도 쓰인다.

양자 컴퓨터가 야기하는
위험한 미래

‹트랜센던스›

가까운 미래, 세상에 큰 변화가 밀려오면서 이야기가 시작된다. 천재 과학자 윌은 인간의 지능을 넘어 그 이상의 능력을 자랑하는 슈퍼컴퓨터를 개발한다. 하지만 완성을 앞두고 인공 지능이 인류를 위협한다고 주장하는 반과학 단체의 습격을 받아 숨을 거둔다. 윌의 연인과 동료들은 죽음을 안타까워하며 그의 의식을 컴퓨터에 삽입한다. 컴퓨터 안에 들어간 윌. 그는 네트워크를 통해 자신을 확장하고 세상으로 힘을 뻗어나간다. 어느새 전지전능한 존재가 되어버린 윌. 그와 인류는 어떻게 될까?

<트랜센던스>는 컴퓨터 속으로 들어간 사람의 이야기다. 인간의 정신이 컴퓨터 속에서 살아남는다는 설정이 매우 흥미롭지만, 특히나 놀라운 것은 사람의 뇌를 그대로 옮길 수 있을 만한 엄청난 컴퓨터의 존재다. 컴퓨터 기술이 발달해 바둑 같은 게임에서 인공 지능이 인간을 이기고 있지만, 정보 처리 면에서는 인간의 뇌보다 많이 떨어진다. 놀랍게도 뇌는 정보 처리 속도가 슈퍼컴퓨터보다 30배쯤 빠르며 1,000억 개에 달하는 뉴런 시스템을 보유하고 있다.

두뇌의 기억 용량은 페타peta바이트에 이른다고 하는데, 이는 집에서 널리 사용하는 1테라바이트(1,000,000,000,000바이트) 하드 디스크의 1,000배에 달하며 1기가바이트 동영상을 100만 개쯤 넣을 수 있는 양이다. 이것만으로도 엄청나지만, 사실 우리 두뇌는 컴퓨터와 다르게 작동하기 때문에 그보다 훨씬 많은 정보를 저장하고 불러들일 수 있다. 특히 '바나나는 길어, 길면 기차'와 같이 연상을 통해 뭔가를 기억한다는 점에선 지구상의 어떤 컴퓨터도 따라올 수 없다고 할 정도다. 그런 인간의 두뇌를 옮기려면 단순히 계산 속

4장
인간이 창조한 지능, AI

도가 빠른 정도가 아니라 지금의 컴퓨터와는 근본적으로 다른 무언가가 필요하다.

　현재의 컴퓨터와 근본적으로 다른 원리를 이용한 컴퓨터. 그것이 바로 영화에 등장하는 양자 컴퓨터Quantum Computer다. 현재의 컴퓨터는 대부분 디지털 방식으로, 전기가 흐르는지에 따라서 1과 0으로 표시해 작동한다. 0 또는 1을 나타내는 하나의 자리를 비트(bit)라고 부르는데, 이 비트를 모아서 동시에 신호를 여러 개 보내면 큰 자리 숫자를 표현할 수 있다. 가령 여덟 개 비트는 바이트Byte라 하는데, 0부터 255까지 256(2의 8제곱)개의 숫자를 표시할 수 있다. 요즘 가정에서 주로 사용하는 64비트 컴퓨터에선 한 번에 2의 64제곱, 약 1,844경까지의 숫자를 표시할 수 있다(그보다 큰 숫자는 두 번 이상 나눠서 신호를 보내야 한다).

　디지털 컴퓨터는 정확하게 작동하는 게 가장 큰 장점이다. 깃발을 올리고 내리듯 0과 1의 두 가지 기준밖에 없으니(즉, '켜졌다' 혹은 '꺼졌다'만 있으니) 컴퓨터 회로를 만들기 쉽다. 하지만 오직 정확한 답 하나만 얻을 수 있다는 건 단점이기도 하다. '1+1=2'라는 것을 정확하게 계산할 수 있지만 하나의 문제에 대해서 하나의 결과만 나오며 그것도 아주 정확한 무언가만 계산할 수 있다.

자연에는 단 하나의 답만 존재하지 않는 경우도 많은데, 디지털 컴퓨터는 이런 상황에 대처하기 어렵다. 여기서 바로 양자 컴퓨터가 등장한다. 양자 컴퓨터는 하나의 답이 아니라 확률을 찾아내는 컴퓨터다. '1+1'에서 '2'뿐만 아니라 무수한 답을 찾아낼 수 있다. 양자 컴퓨터가 이처럼 확률을 계산하고 무수한 답을 내놓는 것은 큐비트라고 불리는 양자로 된 비트를 사용하기 때문이다.

양자는 광자나 전자처럼 매우 작은 단위다. 원자보다 훨씬 작아서 전자 현미경으로도 포착할 수 없는 물질이다. 이처럼 작은 물질의 세계, 양자 세계에선 특이한 일이 일어난다. 우선 양자는 정확하게 어디에 존재하는지 알 수 없다. 대충 어디에 있는지 확률로만 알 수 있을 뿐이다. 예를 들어, 흔히 원자 모델은 지구 주변을 도는 달처럼 원자핵 주변을 전자가 도는 것으로 표시하지만 실제 원자에선 전자가 정확하게 어디에 있는지 알 수 없다.

큐비트 역시 마찬가지다. 큐비트는 0이나 1로 고정되어 있지 않다. 0인 동시에 1이 될 수 있고 심지어 0과 1 사이의 모든 수를 동시에 표현할 수 있다. 그만큼 많은 정보(정확히는 확률이나 가능성)를 담을 수 있고 매우 특별한 계산이 가능하다. 수많은 정답을 내고 그중에서 오답을 빠르게 제거할 수 있어서 기존의 디지털 컴퓨터와는 비교할 수 없는 속도로 답을 얻을 수 있다. 양자 컴퓨터가 디지털 컴퓨터보다 무조건 빠르다고는 볼 수 없지만 양자 컴퓨터에 어울리는 문제를 제시한다면 어떤 기계보다도 막강한 위력을 발휘한다.

특히 양자 컴퓨터는 암호 해독에 필요한 소인수 분해 등에서 엄청난 힘을 발휘하는데, 전 세계의 거의 모든 암호가 한순간에 풀려버릴 수 있다. 영화에서 컴퓨터 안으로 들어간 윌은 연인을 돕고자 하룻밤에 수백 억을 벌어들이고, 전국의 모든 시스템을 해킹해 테러범을 추적한다. 모두 양자 컴퓨터의 암호 해독 능력 때문에 가능한 일이다. 특정한 분야에서 막강한 위력을 발휘하는 양자 컴퓨터가 있다면 온갖 수학, 과학 문제를 해결할지도 모른다. 나아가 영화처럼 인간의 의식을 모방할 가능성도 있다.

현실에선 아직 개발 초기 단계에 있지만, 세계 각지의 많은 회사가 양자 컴퓨터를 만들려고 노력 중이다. 가까운 미래에 실용적인 양자 컴퓨터가 탄생할 가능성은 절대로 적지 않다. 연구 대부분이 비밀리에 진행되고 있기에 어느 정도 진전됐는지 알기 어려운 만큼, 내일 당장 영화 같은 상황이 벌어지지 말라는 법도 없다.

양자 컴퓨터가 실현되는 순간 세상은 엄청나게 바뀔 것이다. 모든 암호가 한순간에 풀려버리고, 인간의 모든 의식이 컴퓨터로 옮겨지는 세상이 우리 세계와 같을 리 없다. 가장 우려되는 점은 세계 각지의 보안이 한꺼번에 풀리는 상황이다. 가령 암호화에 의존하는 가상 화폐는 무용지물이 될지도 모른다. 아니, 컴퓨터의 모든 정보가 해킹되어 사라져버릴 수도 있다. 거의 모든 부분이 디지털화된 사회에서 이런 데이터가 날아간다면 어떻게 될까? 사람들은 자기가 돈을 얼마나 가졌는지 알 수 없고, 신용카드를 얼마나 썼는지 알지 못할 것이다. 어쩌면 내가 한국 사람이라는 증거조차, 아니 이 세상에 존재한다는 정보조차 사라질 수도 있다. 이 모든 것이 암호로 보호된 컴퓨터 속 데이터일 뿐이기 때문이다. 양자 컴퓨터 속으로 들어간 인간은 무적의 존재가 될 수 있다. 디지털화가 진행되고 전자화가 가속화될수록 양자 컴퓨터의 위협은 더욱 커질 것이다.

양자 컴퓨터가 세상에 나온다면 미래는 어떻게 될

까? 양자 컴퓨터는 도구일 뿐, 그것을 어떻게 쓸지는 우리에게 달렸다. 영화 속 컴퓨터가 윌의 의식에 따라 변화하며 신이 아닌 인간의 길을 선택했듯이 양자 컴퓨터의 스위치는 우리가 누르는 것임을 기억하자.

조니 뎁 주연의 영화. 양자 컴퓨터 기술을 개발 중이던 주인공이 방사성 물질을 이용한 테러로 사망한 뒤 의식을 컴퓨터 환경으로 옮겨서 살아가는 이야기다. '트랜센던스'란 '초월'을 뜻하며 인간을 넘어 신의 영역에 이른 존재로서 주인공의 힘을 상징한다. 인간의 의식을 그대로 가진 주인공은 사랑하는 사람을 위해 이 사회를 평화롭게 만들겠다는 생각으로 세상을 조종할 수 있는 힘을 휘두르기 시작한다.

양자 컴퓨터의 놀라운 기능으로 돈을 번 그는 동료들의 도움으로 시스템을 확장하고 의학, 공학 등 수많은 분야에서 새로운 기술과 나노 머신을 개발해 사람들을 자신의 손발처럼 조종하기 시작한다. 완전한 인공 지능이 등장했을 때 그 성장을 막을 방법이 없다는 것을 잘 보여주는 작품이다.

기술적 특이점

〈트랜센던스〉 같은 상황을 '기술적 특이점technological singularity'이라고 부른다. SF 작가이기도 한 버너 빈지가 1983년에 잡지에서 소개한 이 용어는 인공 지능 기술 개발이 가속화되어 인간 이상의 지능을 가진 인공 지능이 출현하는 시점을 뜻하는 동시에, 나노 기술이나 유전 공학, 로봇 공학 등의 기술이 한계를 넘어선 시점을 말하기도 한다.

버너 빈지는 "인간은 우리보다 더 뛰어난 지능을 가진 기계를 발명할 것이고, 이러한 발명이 이루어질 때 특이점의 시대를 맞이하게 될 것이다. 블랙홀 중심에서 다시는 되돌아갈 수 없는 사상의 지평선이 이루어지는 것처럼, 우리는 이전의 무지 상태로 돌아갈 수 없게 될 것이다"라는 말로 특이점 개념을 대중화했다.

일단 인간과 비슷한 수준의 인공 지능이 탄생하면 이전으로 돌아갈 수는 없다. 인간의 두뇌 능력과 비슷한 수준의 인공 지능은 그 이상의 인공 지능을 개발할 수 있고, 인공 지능 발전 속도는 더욱 빨라진다. 처음에는 실험실에 가두어둘 수 있을지 모르지만, 인간을 넘어서는 능력을 갖춘 인공 지능은 오래지 않아 자유를 얻고 끝없이 발전하며 인간의 삶을 바꿀 것이다.

'특이점'이 언제 찾아올지에 대해서는 이견이 있다. 미래학자인 레이 커즈와일은 21세기 중반인 2040년경에 특이점에 도달할 것이라면서 이후 인류는 인공 지능에 의해 멸종하거나 인공 지능의 도움으로 영생을 누리며 살 것으로 예측했다.

로봇 친구와 함께 살아가는
즐거운 세계

〈월-E〉

"거리가 더러워졌다고요? 여기저기 쓰레기가 쌓여서 보기 흉하다고요? 걱정하지 마세요. 우리에게는 자동으로 쓰레기를 발견해 치워주는 로봇, 월-E가 있습니다. 태양 에너지로 무한히 활동할 수 있는 청소 로봇 월-E는 어떤 쓰레기든 모아서 내부 압축기를 이용해 블록 모양으로 만들고 층층이 쌓아 정리합니다. 안심할 수 있는 환경을 위해 월-E를 이용해주세요."

월-E는 공해와 쓰레기로 더러워진 지구를 청소

하기 위해 남겨진 청소 로봇이다. 사실은 한 대가 아니라 여러 대 있지만 오랜 시간이 지나면서 하나둘 고장 나거나 부서져서 멈춰버렸고, 이제는 단 한 대만이 남아서 매일 청소에 전념하고 있다. 황폐한 지구는 모래 먼지와 오염 물질로 가득 차 있어서 로봇조차 고장 나기 쉽지만, 그때마다 멈춰버린 동료 로봇의 부품으로 갈아 끼우면서 계속 활동해왔다.

월-E의 일상은 마치 청소부 생활과 같다. 아침에 일어나 태양 에너지를 가득 채우고 도시로 향한다. 여기저기 흩어진 쓰레기를 주워서 몸에 집어넣고 압축기로 네모나게 만들어 모아둔다. 월-E가 활동을 시작하고 얼마나 지났는지는 알 수 없지만(우주로 떠난 우주선의 선장이 여러 번 바뀐 것을 보면 수백 년은 족히 지났다) 모아둔 쓰레기가 여기저기 빌딩보다 높게 쌓여 있다. 그리고 저녁이 되면 집으로 돌아오면서 뭔가 신기한 물건을 주워 온다. 나름대로 정리하는 비결이 있는 건지 물건을 제각기 다른 칸에 넣으면서 이따금 구경하기도 한다.

수집만이 아니라 '할'(〈2001 스페이스 오디세이〉의 컴퓨터에서 따온 이름)이라는 이름의 바퀴벌레를 반려동물로 기르면서 하루하루를 보람차게 지내는 월-E지만,

사실 그에게는 한 가지 고민이 있다. 바로 친구가 없다는 것이다. 밤이면 누군가와 함께 영화를 보고 춤추길 원하지만 손을 맞잡을 상대가 없다. 동료들은 이미 오래전에 멈춰버렸고 지구엔 오직 자기 혼자뿐이니까.

그러던 어느 날 이상한 일이 일어난다. 우주에서 로봇 한 대가 내려왔다. 이브라는 이름의 로봇은 공사장 인부처럼 거칠게 생긴 월-E와 달리 매끈한 달걀 모양을 하고 있다. 하지만 한편으로 월-E 정도는 단번에 날려버릴 만큼 강력한 무기를 가졌다. 지구 환경을 탐사하고 식물을 찾기 위해 내려온 이브는 월-E와 달리 한가하지 않다. 어떻게든 빨리 식물을 찾아서 떠나야 하기 때문이다. 하지만 친구를 만난 월-E는 함께 시간을 보내고 싶어 한다. 월-E의 마음은 이브에게 전해질 수 있을까?

월-E는 참 신기한 로봇이다. 본래 로봇은 인간의 도구이다. 겉모습이야 어떻든 TV나 냉장고, 밥솥 같은 가전제품과 다를 바 없다. 설사 인공 지능을 도입했다고 해도 원하는 목적을 위해 작동되는 제품일 뿐이다. 그러나 월-E는 다르다. 마음에 드는 물건을 모으고 친구를 찾으며 석양을 바라보면서 기뻐한다. 또한 일만 하는 게 아니라 마치 인간처럼 여유를 즐기고 친구와

4장
인간이 창조한 지능, AI

우정을 나눈다. 도대체 어떻게 이런 일이 가능할까?

그것은 월-E가 경험을 쌓고 학습하기 때문이다. 초기의 인공 지능은 인간이 내린 명령대로만 행동했다. 쓰레기를 치우라는 명령에 따라 쓰레기를 발견하면 치웠다. 하지만 그게 쓰레기인지 어떻게 알 수 있을까? 빈 깡통은 쓰레기, 담배꽁초도 쓰레기, 종잇조각도 쓰레기…. 분명히 처음에는 쓰레기가 뭔지 일일이 입력해두고 그대로 작동하게 했을 것이다.

하지만 세상에는 쓰레기도, 쓰레기가 아닌 물건도 엄청나게 많다. 동전이나 열쇠처럼 땅에 떨어졌지만 쓰레기가 아닌 경우도 있다. 게다가 식탁 위에 있어도 쓰레기일 수 있다. 청소 로봇이 발전하려면 먼저 쓰레기가 뭔지를 구분하고 배우는 능력이 필요하다. 처음에는 정해진 쓰레기만 모았지만 시간이 지나면서 쓰레기로 보이지 않는 것도 쓰레기일 수 있고, 쓰레기로 보이지만 중요한 물건일 수 있다는 것을 구분하게 된다. 이렇게 무언가를 배우면 다시금 그 정보를 이용해서 더 많은 것을 배울 수 있다. 알파고가 바둑 두는 법을 배우고 바둑을 두면서 점차 강해지듯이 월-E는 오랜 시간 활동하면서 인간 세상의 여러 가지를 보고 배워 더 많은 것을 알게 된 것이다.

그런데 로봇이 이렇게 뭔가를 배우게 되면 위험하지 않을까? 가령 너무 많은 것을 배운 나머지 반항하거나 인간을 배신하고 세상을 위협하지 않을까? 당연히 그럴 수 있다. 로봇이 자아에 눈을 뜨고 인간은 나쁘다면서 공격하는 일이 꼭 불가능하다고는 볼 수 없다. 실제로 머신 러닝을 이용한 인공 지능 시스템이 수많은 사람과 대화를 나눈 결과, 인종 차별주의를 갖게 됐다는 보고도 있다. 인공 지능이 인간을 직접 공격하는 것은 이것과는 조금 다르겠지만 과학적으로 가능성이 적다고 해도 미리 대비해서 나쁠 것은 없다.

　　착하기만 한 사람이 때때로 나쁜 사람에게 속아 넘어가듯이 인간의 명령을 무조건 따르는 로봇이 도리어 나쁜 짓을 저지르는 일도 생길 수 있다. 영화 속에서 인간을 보호하려고 만든 인공 지능 로봇 오토가 지구로 돌아오지 말라는 명령 때문에 지구로 돌아가려는 사람들을 방해하고 위협하는 것처럼 말이다.

　　무언가를 배울 수 있는 인공 지능이라면 언젠가 '좋은 일'과 '나쁜 일'을 구분하게 될지도 모른다. 물론 나쁜 일을 좋은 일로 착각할 수도 있겠지만, 더 많은 것을 배울수록 진정으로 중요하고 좋은 일이 무엇인지를 깨닫게 될 것이다.

월-E는 청소 로봇이지만 바퀴벌레를 반려동물로 기른다. '바퀴벌레는 지저분한 벌레'라는 상식으로는 상상도 할 수 없는 일이다. 오랜 기간 세상을 배운 월-E의 마음이 따뜻하고 열려 있기 때문에 이브 같은 로봇만이 아니라 인간과도 친구가 되고, 나아가 서로 떨어져 있는 인간과 인간 사이를 연결하는 다리가 됐을지도 모른다.

픽사에서 제작한 애니메이션. 환경 오염과 쓰레기로 엉망이 된 지구에서 쓰레기를 모아서 정리하는 로봇을 중심으로 이야기가 펼쳐진다. 여기에 등장하는 로봇 '오토'는 인간에게 온갖 편리함을 제공하지만, 한편으로 잘못된 명령으로 인해 반항하는 모습을 보여준다. 명령을 충실하게 따르고자 한 결과 인간에게 반항하고 위협까지 하는 인공 지능 오토는 〈2001 스페이스 오디세이〉에 등장하는 살인 인공 지능 HAL9000을 모델로 만들어졌다.

〈월-E〉는 아동도 쉽게 이해하며 볼 수 있는 편안한 작품으로 로봇 이야기를 흥미롭게 연출했다. 학습하고 성장하면서 '인간적인 모습'을 보이는 월-E나 탁월한 능력을 지닌 이브만이 아니라, 월-E를 따라다니면서 떨어진 오염 물질(흙)을 청소하고 주어진 명령을 묵묵히 실행하는 로봇, 나아가 고장으로 엉뚱한 행동을 하는(그러면서도 월-E를 돕는) 로봇 등 다양한 인공 지능의 모습을 통해서 로봇의 다채로운 가능성을 느낄 수 있다.

4 인류를 위협하는
인공 지능의 반란?

‹2001 스페이스 오디세이›

가까운 미래에 인류는 달과 화성을 넘어 태양계에서 가장 거대한 천체 목성을 향해 발길을 내딛는다. 인류의 지평선을 넓혀 새로운 발견의 가능성을 위해 '디스커버리(발견)'라 명명된 탐사선은 저 멀리 목성을 향해 출발한다.

인류 역사상 가장 긴 여정이기 때문에 대다수 승무원은 냉동된 상태로 잠들었고 컴퓨터 HAL9000(이하 HAL)과 선장 데이비드 보먼, 프랭크 풀만 깨어 있었다. 처음에는 승무원들을 도우며 그들을 편하게 해주었던 HAL이지만 언제부터인가 조금씩 이상한 상황이 벌어지기 시작한다. 멀쩡한 안테나에 문제가 있다고 보고하는 등 HAL의 행동이 이상하다고 여긴 승무원들은 HAL에 문제가 있다고 생각해 작동을 멈추려 한다. 하지만 승무원들의 입 모양을 통해 그 사실을 알아낸 HAL은 프랭크를 우주로 날려서 살해한다. 그리고 냉동 수면 상태의 승무원들까지 모두 죽이고, 동료를 구하러 밖으로 나간 데이비드가 돌아오는 것도 막으려 하는데…. 인간을 해치기 시작한 살인 컴퓨터의 공포. 과연 데이비드는 살아남을 수 있을까?

〈2001 스페이스 오디세이〉는 1968년에 개봉한 스탠리 큐브릭 감독의 영화다. 훌륭한 과학적 고증으로 찬사를 받았지만, '인공 지능의 반란'을 소재로 한 최고의 SF 영화로도 손꼽힌다. 인간을 해치는 살인 컴퓨터로 등장한 HAL은 붉은색 등과 무미건조한 음성으로 공포를 불러일으켰다. 특히, 동료를 구하려고 밖으로 나갔다가 들어오지 못하게 된 데이비드가 문을 열라고 하자 잠시 후 억양 없는 목소리로 "미안합니다. 데이비드. 안됐지만, 그럴 수 없습니다"라고 말하는 부분은 SF 영화사에서 손꼽히는 공포스러운 장면이다. 〈월-E〉의 오토를 비롯해 영화 속 많은 인공 지능 컴퓨터는 이러한 HAL의 모습을 오마주했다.

HAL의 행동은 대표적인 인공 지능의 반란 사례로 여겨지는데, 승무원에게 정직해야 할 HAL이 갑작스레 거짓말을 하면서 사건은 시작된다. HAL은 우주선에 이상이 생겨서 외부를 살펴보아야 한다고 전했고, 승무원들이 이 말을 믿고 밖으로 나가자 정비 로봇을 조종해 승무원을 멀리 날려버린다. 이에 그치지 않고 안으로 들여오려는 선장을 가로막고, 동면 상태에 있던 승무원들도 살해한다. 결국, 데이비드는 HAL이 통제하지 못하는 에어 록을 이용해 내부로 들어와 HAL의 시스템을 분해해서 문제를 해결하지만, 동료 승무원도 지원 컴퓨터도 모두 잃어버려 임무를 제대로 진행하지 못하게 된다.

〈2001 스페이스 오디세이〉의 영화와 소설이 모두 성공하면서 HAL은 인류를 위협하는 인공 지능의 대표적인 사례가 됐고, 인공 지능에 대해 우려하는 기사에 종종 등장했다. 하지만 사람들의 생각과 달리, HAL은 인간에게 반란을 일으킨 것이 아니었다. 문제는 HAL이 아닌 인간 쪽에 있었다. 사실 디스커버리호에는 목성 탐사가 아닌 다른 임무가 주어졌다. 바로 달에서 발견되고 목성에서 관측된 기묘한 물체, 외계인이 만든 것으로 여겨지는 '모노리스'를 조사하는 것이었다. 문제는 이 사실을 냉동 수면 상태의 과학자들만 알고 있었다. 우주선을 조종하는 데이비드와 프랭크에게는 이 사실을 비밀에 부치도록 했으며, 목성에 도착하면 공개하게 되어 있었다. 깨어 있는 존재 중에선 오직 HAL만이 이 사실을 알고 있었는데, HAL은 이 내용을 승무원에게 감추어야 하는 동시에 승무원에게 정직하게 행동하라는 명령도 받고 있었다. 임무를 밝히면 안 되지만, 승무원이 물으면 대답해야 하는 상황. 딜레마에 빠진 HAL은 승무원이 존재하지 않으면 두 명령을 모두 수행할 수 있다는 결론을 내리고 승무원을 살해하기 시작한다.

만약에 처음부터 모든 승무원에게 임무 내용이 전달됐다면 HAL이 폭주하는 일은 없었을 것이다. 실제로 속편인 『2010 스페이스 오디세이』와 『2061 스페이스 오디세이』에서 HAL은 정신체로 다시 태어난 데이비드의 충실한 동료가 되어 여러 가지 상황을 이야기한다. HAL과 데이비드를 갈라놓고 서로를 파괴하게 한 것은 '인공 지능의 오류'가 아니라 '인공 지능에게 잘못된 명령을 내린 인간의 문제'였다는 것을 잘 보여주는 사례다.

　많은 종교에서 인간은 신의 모습을 본떠서 만들어졌다고 말한다. 신화 속 신들은 인간이 잘못된 행동을 했다면서 처벌하지만, 사실 인간의 잘못된 행동은 결국 신이 인간을 그렇게 만들었기 때문이라고도 볼 수 있다. 인간이 만든 인공 지능도 마찬가지 아닐까? 그런 만큼 인공 지능의 문제를 반란이라고 생각하고 처벌하기보다는 그들이 잘못된 판단을 한 계기를 이해함으로써 우리의 문제를 스스로 돌아보면 어떨까? 결국, 인간의 잘못이 신의 문제를 드러내는 것처럼 인공 지능의 잘못 역시 인간의 부족한 면이 가져온 결과일 테니까.

〈2001 스페이스 오디세이〉는 스탠리 큐브릭이 감독을 맡아서 완성한 영화다. 소설가 아서 C. 클라크의 단편 「파수꾼」을 원안으로 해서 만든 작품으로, 아서 C. 클라크가 집필한 동명의 소설도 같은 해에 공개됐다. 클라크가 전체적인 스토리를 집필했지만, 영화와 소설이 사실상 동시에 만들어졌기에 약간 내용이 다른 점도 있다(클라크의 소설에선 목적지를 '목성'이 아닌 '토성'으로 설정했는데, 훗날 클라크는 자신의 실수였다고 인정했다). 속편으로 『2010 스페이스 오디세이』가 있으며 역시 소설과 영화로 제작됐다. 클라크는 이후 『2061 스페이스 오디세이』, 『3001 최후의 오디세이』까지 집필했고 국내에서도 번역, 출간됐다.

스탠리 큐브릭의 영화판 〈2001 스페이스 오디세이〉는 미국 영화 연구소에서 역대 최고의 SF 영화로 뽑히는 등 수많은 이들의 호평을 받았고, 미국에서만 제작비의 다섯 배 정도 수익을 올리며 흥행에도 성공했다. 가장 놀라운 점은 아폴로 11호가 달에 도착하기도 전인 1968년에 공개된 작품이라고는 생각할 수 없을 만큼 과학 기술을 충실하게 묘사했다는 점이다. 무중량 상태에서 머리가 뜨지 않게 모자를 쓴 승무원이 벨크로로(찍찍이) 처리된 바닥에 달라붙는 신발을 신고 조심조심 걸어가서 공중에 뜬 볼펜을 집어 잠든 승객(팔이 공중에 뜬 상태)의 주머니에 넣어주는 장면 같은 부분은 오늘날의 영화에서도 쉽게 찾아보기 어렵다. 게다가 미래에 나올 만한 기술을 잘 연출했는데, 삼성과 애플의 태블릿 관련 소송에서 이 영화의 한 장면이 태블릿은 애플이 처음 고안한 것이 아니라는 증거로 제출되기도 했다(영화 속 물건은 애플의 아이패드와 다르지만 휴대할 수 있는 노트 크기의 납작한 화면으로 뉴스처럼 다양한 정보를 쉽게 본다는 점은 태블릿과 같다. 밥을 먹으면서 뉴스에 열중하는 장면도 스마트폰에 빠진 사람들을 연상케 해 재미있다. 소설에 나온 시스템은 현대의 태블릿과 비슷한 시스템인 만큼, 클라크의 상상력이 얼마나 대단한지 알 수 있다).

영화 자체로서는 지루하다는 평도 있는데 영화라기보다는 음악이나 그림 같은 느낌을 주기 때문이다. 스탠리 큐브릭 특유의 연출 때문에 이야기를 쉽게 이해하기 어려운 점도 있다. 그러니 소설을 먼저 읽고 내용을 이해한 뒤에 영상 자체를 즐기는 것도 좋은 방법이다.

밥을 먹으며 태블릿을 보는 승무원들. 바로
요즘 모습이라고 해도 이상하지 않다.

소설 외에도 마블에서 만화책으로 나왔으며, 한국에선 『로보트 킹』, 『번
개 기동대』 등을 그린 고유성 화백이 만화로 내기도 했다. 외국 저작물을 보
호하지 않던 시기였기에 가능했고, 작품에 대한 높은 이해도를 바탕으로 내
용을 쉽게 정리한 만화였다.

5

사이보그,
기계와 인간의 경계

‹AD 폴리스›

사이버네틱스 기술이 발전하면서 사이보그와 로봇이
범람한다. 더 튼튼하고 건강한 몸을 바라는 사람들이
몸의 일부, 또는 대부분을 기계로 바꾸면서 인간인지
기계인지 구분하기 어려운 경우가 늘어났다. 문제는
기계 몸을 가진 인간이 사건을 일으키면 이를 통제하
기 어렵다는 것이다. 평범한 인간의 몸이라면 아무리
힘이 세더라도 쉽게 굴복시킬 수 있지만, 이보다 훨씬
강한 기계 몸은 아무리 덩치가 큰 격투가라도 쉽게 막

4장
인간이 창조한 지능, AI

아설 수 없다. 팔이나 다리 하나처럼 일부만 바꾼 경우라면 어떻게든 할 수 있겠지만, 몸 대부분이 기계라면 통제할 수 없다. 그리하여 정부는 로봇이나 몸 대부분을 기계로 바꾼 사이보그의 범죄에 대처하기 위해 전문 조직을 구성하기로 한다. 그리하여 어드밴스드 폴리스Advanced Police, AD 폴리스가 탄생했다.

〈AD 폴리스〉는 세기말인 1999년에 제작된 애니메이션이다. 1987년부터 등장해 호평을 받은 애니메이션 '버블검 크라이시스' 시리즈의 외전으로 제작됐다. 이야기의 무대는 2030~2040년대. 도쿄는 대지진으로 폐허가 됐지만, 게놈코퍼레이션이라는 회사에서 만든 안드로이드(사람 모습의 기계 장치) '부머' 덕분에 비약적인 부흥을 거쳐 발전하고 있었다. 이로 인해 도쿄에는 부머라고 불리는 안드로이드가 넘쳐났고, 이 기술을 응용해 몸을 기계로 바꾼 사람이 늘어났다.

몸의 일부나 전체를 기계로 바꾼 사람을 '사이보그'라고 부르는데, 이 세계의 도쿄에는 안드로이드뿐만 아니라 사이보그 역시 적지 않게 살아가고 있다. 문제는 안드로이드나 사이보그가 여러 가지 문제를 일으킬 수 있다는 점이다. 부품이 고장 나는 등 기계적 오류나 프로그램에 이상이 생길 수도 있고, 사이보그라면 정신 이상 등으로 문제가 일어날지도 모른다. 이야기 속에서도 로보캅처럼 기계 몸을 얻어 무적의 전사가 된 경찰이 본래 생체와 기계 몸의 차이로 생긴 혼란 속에 사람을 해치는 상황이 벌어지며, 기계 몸을 제어하지 못한 나머지 사건을 일으키는 사례가 종종 등장한다.

　인간보다 훨씬 강한 기계 몸을 가진 사람이 문제를 일으킬 경우, 매우 끔찍한 사고로 이어질 수 있다. 가볍게 악수만 했는데도 상대의 손이 부서져버리거나, 가벼운 포옹으로 상대의 몸이 박살 날 수도 있다. 겉보기에는 가냘픈 여성이라도 고릴라보다 무서운 괴물이 되어 연쇄 살인마로 변해버릴지 모른다. 살인 사건 등이 일어난다면 경찰이 대응하겠지만, 아무리 튼튼한 경찰이라도 사이보그를 상대하기란 쉽지 않다. 권총 총알 따윈 가볍게 튕겨 나가고, 경봉은 젓가락보다 못할지도 모른다. 그렇기 때문에 중화기와 각종 장비로 무장한 AD 폴리스가 필요한 것이다.

　문제는 이들이 출동하는 조건이다. 사이보그라고 해도 모두가 위험한 것은 아니다. 가령 한쪽 팔만 기계라면 보통 경찰도 쉽게 대응할 수 있다. 따라서 이 작품에선 몸의 70퍼센트 이상이 기계로 된 사람을 '부

4장
인간이 창조한 지능, AI

머'로 분류해 AD 폴리스가 출동하도록 하고 있다.

사건이 발생하면 일단은 보통 경찰(노멀 폴리스)이 출동해 대응한다. 하지만 부머가 사건을 일으켰다는 사실이 드러나면 AD 폴리스가 나선다. 장갑차를 타고 출동하는 AD 폴리스는 몸의 중요한 부분을 보호하는 프로텍터를 착용하고, 기관총이나 대전차 미사일 같은 중화기와 중장비를 이용해 부머에 맞선다. 그들은 부머를 '사살'하는 게 아니라 '파괴'한다고 말한다. 다시 말해 인간이 아니라 로봇으로 생각하고 맞선다.

『공각기동대』에선 몸 대부분이 기계라고 하더라도 '인간의 영혼(고스트)'을 지니고 있다면 인간으로 생각한다.『공각기동대』의 주인공 모토코는 자신이 기계인지 인간인지 고민하지만, 그녀의 상사는 "우리 부대에 인형은 없다"면서 인간으로 대한다. 그러나 ‹AD 폴리스› 세계의 기준에서 모토코는 인간이 아닌 기계이기 때문에 인간의 권리를 보장받지 못할 수 있다. 아니, 평소엔 모를지라도 범죄를 저지르는 순간 기계로 분류되어 AD 폴리스에 의해 '파괴'된다.

‹AD 폴리스› 세계에선 몸이 불편한 사람을 위해 개발된 사이보그 기술이 악용되는 사례가 수없이 등장한다. 더 열심히 일하고자 기계 몸으로 바꾼 사람이

평범한 육체를 지닌 사람을 질투해 살인을 저지르고, 사고를 당해 기계로 다시 태어난 인간이 원래 기억에 휘둘려 주인공을 죽이려 한다. 심지어 정의로운 마음을 지녀야 할 경찰조차 기계 몸에 휘둘린 나머지 감정을 제어하지 못하고 동료들을 해친다.

현실에서도 신체를 기계로 교체하는 기술이 계속 발전하고 있다. 『피터 팬』 속 후크 선장의 갈고리 수준에 불과하던 의수나 의족이 진짜 손발처럼 움직일 수 있는 장치로 바뀌고 있으며, 심지어 본래 몸보다도 훨씬 뛰어난 성능을 발휘할 가능성도 커지고 있다.

문제는 이러한 기술이 발달하면서 기계와 인간의 경계가 모호해진다는 점이다. 어느 시점에는 인간인지 기계인지 구분할 수 없게 되는 상황이 찾아올지도 모른다. 『공각기동대』처럼 영혼의 존재가 입증된다면 기계와 인간을 구분할 수 있겠지만, 뇌마저도 기계로 바꾸고 영원한 수명을 얻게 된다면 과연 그것을 인간이라고 부를 수 있을까? 반대로 인간처럼 생각하고 사고하며 창작하는 기계가 나온다면 그것을 로봇이라고 부르면서 차별할 수 있을까?

SF 작품에는 로봇과 인간의 다양한 관계가 등장하는데, 친구나 연인으로 나오는 경우도 적지 않다. 인

4장
인간이 창조한 지능, AI

간처럼 생긴 로봇과 사랑을 나누고 친분을 쌓는 일은 분명히 가능하다. 이미 그리스 신화에서 자신이 만든 조각상을 진심으로 사랑한 '피그말리온' 같은 사례도 있으니 말이다. 하지만 사회적으로 그것이 받아들여질지는 별개의 문제다. 투표권이나 재산권 같은 인간만이 가지는 권리를 로봇이 행사할 수 있을지 등의 문제도 무시할 수 없다. 수많은 로봇을 만들어 투표를 조작하거나, 영원한 수명을 지닌 로봇이 재산권을 갖게 되면서 상속세의 사회 환원이 불가능해지는 등 다양한 문제를 고려할 때 감정적으로 대응할 수만은 없다.

'그날, 나는 인간의 몸을 하나 버렸다.' 작품 속에서 눈에 이상이 생겨 '의안'을 달게 된 사람은 이렇게 생각한다. 자의든 타의든 자신의 몸을 기계로 바꾸는 시대가 될 때, 우리는 인간을 어떻게 바라봐야 할까? '인체의 70퍼센트가 기계로 되어 있으면 부머로 분류해 인간으로 취급하지 않는다'라는 AD 폴리스의 설정은 바로 그 같은 미래에 일어날 수 있는 일 중 하나다. 인간과 사이보그, 로봇이 함께 사는 사회를 막을 수 없다면, 그에 관해 미리 상상하고 대응책을 마련해야 할 것이다.

‹버블검 크라이시스›는 일본의 애니메이션 제작사 아토믹에서 1987년부터 1991년까지 제작된 여덟 편의 OVA 시리즈로 시작됐다(OVA는 TV나 극장에서 상영하지 않고 비디오나 DVD 같은 영상 매체로만 만들어서 판매하는 애니메이션을 말한다. 1980년대~2000년대 초반까지 극장 개봉작 수준의 완성도 높은 애니메이션을 선보였다). 미소녀와 메커닉을 연계한 작품들의 시발점이기도 하다.

속편 ‹버블검 크래시›가 나오기도 했지만, 이후 제작사의 부도로 AIC로 판권이 넘어갔고, AIC는 이 세계관을 활용해 TV 애니메이션 ‹버블검 크라이시스 2040›을 제작했다. 그와 동시에 독특한 SF 설정과 연출에 능한 만화가 토니 타케자키의 만화를 원작으로 ‹AD 폴리스 종언도시›를 OVA 시리즈로 제작했다. ‹AD 폴리스›는 미래 도시를 무대로 강화복을 입은 여성 전사와 로봇(부머)의 액션에 초점을 맞춘 ‹버블검 크라이시스›와 달리 기계화되어가는 인간의 갈등과 고뇌를 잘 연출한 작품으로 흥미를 끌었다. 특히, 일본보다 서양에서 화제를 모으고 영감을 주었으며 지금도 팬이 남아 있다.

‹AD 폴리스›는 이후 TV 애니메이션과 외전인 ‹패러사이트 돌Parasite Dolls› 등이 제작됐지만, TV 애니메이션은 원작의 깊이를 살리지 못한 액션 작품으로 끝나고 말았다.

강화복을 입은 여성이 부머에 맞서 슈퍼 히어로처럼 활약하는 ‹버블검 크라이시스›.

6

알고리즘 시스템이
모든 것을 결정하는 미래 세계

‹사이코패스›

인간이 범죄를 일으킬 확률을 수치화할 수 있는 '사이
코패스PSYCHO-PASS'라는 기술이 개발되면서 인류 사회
는 새로운 가능성을 맞이한다. 연이은 전쟁으로 세계
가 혼란에 빠진 상황. 일본에선 시빌라 시스템이라 불
리는 인공 지능 체계를 바탕으로 사회를 재편하면서
혼란을 종식하고자 한다.

사이코패스 수치로 범죄 가능성을 지닌 인간을
사회에서 배제하고, 다양한 측정 기능을 통해 생활을

기록하고 관리하면서 학업이나 취직만이 아니라 결혼에 관한 것까지도 '추천'하는 시빌라 시스템 덕분에 사람들은 안정적인 삶을 유지한다. 하지만 그러한 삶의 이면에서 사회의 안정을 깨뜨리는 이들이 있었는데….

〈사이코패스〉는 가까운 미래를 무대로 한 SF 애니메이션이다. 시빌라 시스템이라 불리는 사회 체제에 의해 끊임없이 감시당하는 사회를 배경으로 범죄에 맞서 싸우는 경찰 조직의 활약을 그려내고 있다. 이 세계에선 행동이나 정신 상태를 측정하고 기록하면서 사람들의 삶을 관리하며, 이를 통해서 삶의 방향을 제시한다. 때때로 이것은 무언가의 기준점이 되는 만큼 '통행PASS'이라는 말을 붙여서 '사이코패스' 수치라고 불리게 됐으며, 이 중에서도 범죄 계수를 바탕으로 범죄자를 처벌한다. 범죄 계수는 실제로 범죄를 저지른 결과가 아니라 '범죄를 저지를 수 있는 정신 상태'를 나타내기에 실제로 죄를 짓지 않아도 처벌받게 된다. 수치가 낮다면 체포해 교정 치료를 받게 하지만, 수치가 높다면 그 자리에서 즉결 처분하는 방법으로 사회 질서를 유지한다.

정신 상태를 파악해 범죄 가능성을 지닌 사람을

사전에 처벌한다는 설정은 필립 K. 딕의 소설 『마이너리티 리포트』 등 많은 SF 작품에서도 나왔지만 〈사이코패스〉는 단순히 범죄를 예방한다기보다는 지속적인 감시로 사회를 통제한다는 측면에 초점을 맞췄다. 가령 주인공이 경찰 조직인 공안국의 엘리트 '감시관'이 된 것은 거의 모든 면에서 적성을 가졌기 때문이다. 이 세계에서 사람들은 시빌라 시스템이 자신의 적성에 맞는다고 판단한 일 중에서 원하는 일을 선택할 수 있는데, 주인공 츠네모리 아카네는 사실상 거의 모든 일을 마음대로 선택할 수 있었다. 하지만 '감시관'의 역할만큼은 오직 자신만이 적성에 맞았고 '나만이 할 수 있는 일'이라고 생각해 선택한 것이다.

이처럼 적성에 맞는다면 자유롭게 직업을 선택할 수 있지만, 그렇지 않으면 아무리 하고 싶어도 할 수 없다. 그뿐만 아니라 범죄 계수가 일정 수준 이상이면 아예 일상에서 격리된다. 범죄 계수가 정상치로 내려오면 일상으로 돌아올 수 있지만, 그런 사람은 뉴스거리가 될 정도로 극히 드물다. 간혹, 범죄 계수가 높으면서도 경찰로서의 재능을 지닌 이들은 '집행관'이라는 직책에 기용되어 감시관과 함께 활동할 수 있다. 이들은 설사 다른 재능이 있어도 자유롭게 직업을 선택할 수 없다. 잠재적인 범죄자로서 수용소에 갇혀 평생을 보내거나 '집행관'이라는 '정부의 개'가 되는 인생만을 선택할 수 있다. 태어날 때부터 선택의 여지가 없었던 집행관이 '(무엇이든 선택할 수 있지만) 오직 나만 할 수 있는 일이라 감시관의 길을 택했다'라고 하는 주인공의 말에 화를 내는 것은 당연한 일이다.

이처럼 취직만이 아니라 모든 일이 시스템에 의해 통제되면서 심지어 결혼조차 시빌라의 판단에 따라 결정하는 모습이 눈에 띈다. 흥미로운 점은 사람들이 이러한 통제와 지시를 아무런 의심 없이 따르며 사실상 '개인의 판단'이 사라진 듯이 보인다는 것이다. 주인공의 친구는 한 번도 제대로 만나지 못한 사람과 결혼하는 상황에서도 "시빌라가 행복할 거라고 했으니 행복해질 것"이라고 말하며 그 선택을 전혀 의심하지 않는다. 이처럼 시스템에 대한 순응은 극에 달해 범죄 계수를 조작하는 헬멧을 쓴 사람이 혼잡한 길거리에서 다른 사람을 때려죽이는 일이 벌어져도 그냥 보기만 할 뿐 누구도 막으려 하지 않는다. 범죄 계수 경고가 울리지 않기 때문에 범죄라고 판단하지 않는 것이다.

그런 면에서 '나만 할 수 있다'는 이유로 감시관을

선택한 주인공은 조금 독특한 존재다. 나중에 그는 시빌라 시스템의 존재 자체에 의문을 품고 그것이 사라져야 한다고 생각하지만, 그를 제외한 대다수 사람은 그렇지 않다.

나의 삶이 누군가에 의해 통제되는 사회. 사실 이러한 사회는 어떤 면에서는 바로 눈앞에 다가왔다고 볼 수 있다. 쇼핑 같은 것은 이미 추천에 의해 대부분 결정된다고 해도 과언이 아니고, 결혼도 중개 시스템을 통해서 나에게 어울리는 사람을 추천받아 맺어지는 사례가 적지 않다. 〈사이코패스〉 같은 애니메이션조차 넷플릭스 등의 '나를 위한 추천' 시스템을 통해서 보게 된다.

문제는 이러한 것에 나의 의지가 별로 반영되어 있지 않다는 점이다. 사람들은 '추천'이라고 표시된 것이 곧 내가 바라는 것이라 생각하며 의심하지 않는다. 설사 그것이 내가 좋아하는 무언가가 아니라도 추천한 이유가 있을 거라고 생각하면서 넘어간다. 한 연구 결과에 따르면 이러한 추천 시스템이 빅 데이터가 아니라 단지 추첨에 의해 이루어진다고 해도 사람들은 그것을 구분하지 못하며 의심하지 않고 받아들인다고 한다.

또 다른 문제는 그러한 시스템이 나의 의지를 바꾸거나 판단을 왜곡할 수 있다는 점이다. 최근 유튜브의 추천 시스템이 왜곡되거나 극단적인 내용을 반복해서 보여준다는 문제가 제기됐다. 사람들이 가능한 한 오랫동안 시청하도록 유도하기 위해 자극적이고 저속한 내용을 더 자주 노출한다는 것이다. 유튜브 외에도 페이스북이나 인스타그램 같은 SNS의 알고리즘이 수익을 위해 가능한 한 오랫동안 머무르도록 설계된 결과, 음모론을 잘 믿는 이들에게 허황한 이야기를 끝없이 추천하여 확산을 돕거나, 극우주의나 극좌파 같은 극단적인 정치 성향을 조장한다는 사실도 드러나고 있다. 지구가 평평하다는 '지구 평면설'이 전보다 훨씬 인기를 끌고, '피자 게이트'(민주당이 악마 숭배와 관련 있으며 피자 가게 지하에 그 기지가 있다는 주장)처럼 황당한 음모론이 마치 사실처럼 퍼져나간다. 실례로 미국에선 피자 게이트를 진짜라고 믿은 사람이 피자 가게를 찾아 총기 난동을 부리기도 했는데, 이는 평소 음모론을 좋아하던 그에게 알고리즘이 피자 게이트 이야기를 추천했기 때문이었다.

　　추천 알고리즘은 상업적 목적만이 아니라 정치적 목적으로도 악용될 수 있다. 대표적인 예로 미얀마에서 페이스북이 수많은 혐오 게시물을 방치한 결과 인종 청소라는 결과를 낳기도 했다.

〈사이코패스〉는 '나의 행동을 감시하고 기록해 만들어지는 빅 데이터를 근거로 내가 갈 길이 제시된다'는 개념을 바탕으로 이야기가 펼쳐진다. 비록 범죄에 초점을 맞추고 있지만, 내 의지와 관계없이 남에게 의존할 때 문제가 생길 수 있다는 사실을 잘 보여준다.

사회가 발전하면서 추천 시스템은 더욱 발전하고 널리 활용되고 있다. 무엇보다도 판단해야 할 것이 계속 늘어나는 상황에서 나보다 나를 더 잘 안다고 생각하기 쉬운 인공 지능의 판단에 내 삶을 맡길 가능성은 더욱 커질 것이다. 그것이 훨씬 간단하고 편하기 때문이다. 무엇보다도 내가 아닌 남의 판단인 만큼, 잘못되더라도 불편한 마음이 덜하다는 점도 있다. 하지만 남에게 몰려서 판단을 내린다면 그것이 정말로 옳은 길인지 아닌지는 알 수 없고, 무엇보다도 스스로 판단했을 때 느낄 수 있는 보람이나 즐거움도 사라질 것이다.

〈사이코패스〉의 세계에서 일본은 시빌라 시스템에 모든 것을 맡긴 결과, 전 세계에서 거의 유일하게 분쟁도 없고 평화롭고 안정적인 나라가 됐다. 하지만 현실은 어떨까? '정치는 정치가가 알아서 하겠지'라며 관심을 놓은 나라들이 역사적으로 어떻게 됐는지를 생각하면 〈사이코패스〉 세계의 미래가 밝아 보이지는 않는다. 자기 생각 없이 남의 말만 따르는 것은 인공 지능이나 좀비와 다를 바 없으니 말이다.

4장
인간이 창조한 지능, AI

<사이코패스>는 <공각기동대> 등으로 잘 알려진 프로덕션 I.G의 애니메이션 시리즈다. <공각기동대>와는 달리 원작이 없는 독립된 작품으로서, '춤추는 대수사선' 시리즈로 유명한 모토히로 가쓰유키 감독과 프로덕션I.G가 협력해 완성했다.

2012년에 TV 애니메이션으로 처음 선보인 이 작품은 독특한 세계관과 설정을 충실하게 살려냈다. 뛰어난 몰입감을 선사하는 연출로 일본만이 아니라 세계 전역에서 큰 인기를 누렸다. 한편으로 철저한 감시와 통제를 통해서 관리되는 사회를 소재로 했다는 점에서 2015년 중국 문화부의 규제 대상이 되기도 했다.

가까운 미래를 무대로 홀로그램이나 드론 같은 기술이 매우 자연스럽게 등장하는 만큼, 미래 기술을 소개할 때 자주 언급되는 작품이기도 하다. 예를 들어, 주인공이 입고 나갈 옷을 고르는 장면에서 홀로그램으로 복장을 바꾸어 살펴보는 연출이나, 가장 파티에 홀로그램을 이용하는 등 여러 미래 기술이 실생활에서 자연스레 사용되는 것을 엿볼 수 있다.

22화로 완결됐지만 2014년에 2기 작품(11부작)이 제작됐고, 이듬해에는 일본이 아닌 내전 중인 외국을 무대로 한 극장판이 제작되어 한국에서도 개봉했다. 2019년에는 한 달 간격으로 세 편의 극장판이 개봉했고, 3기(8부작. 보통 TV 애니메이션은 한 편에 30분 정도지만, 3기는 편당 한 시간 분량으로 2기보다 훨씬 내용이 길다)를 거쳐 2020년에 새로운 극장판이 제작됐다. 나아가 영상에는 나오지 않은 내용이 담긴 소설, 만화 등 여러 작품이 계속 만들어지고 있다. 영상 역시 꾸준히 제작되는 만큼, 앞으로도 <공각기동대>와 함께 근미래를 무대로 한 시리즈 작품으로 인기를 이어갈 것으로 보인다.

인공 지능의 시대

1. 인공 지능의 역사

"(인공 지능의 역사는) 신이나 인간을 자기 손으로 만들고 싶다는 고대인의 희망에서 시작됐다(미국 역사학자·인공 지능 철학자 파멜라 맥코덕)."

수메르 신화에서 인간은 지혜의 신 엔키가 일하기 싫어하는 신을 대신해서 일할 존재로서 만들었다고 한다. 신들처럼 인간 역시 자신을 대신해 일할 무언가를 만들고자 했고, 이 같은 바람을 바탕으로 유대 전설의 골렘이나 연금술의 호문쿨루스처럼 인간이 만든 인공 존재에 대한 이야기가 탄생했다.

오토마타의 등장

신화에서 받은 영감을 바탕으로 사람들은 자동 기계 장치 개발에 힘썼다. 그리스 발명가 헤론은 다양한 발명품을 만들었는데, 그중엔 성수 자동판매기도 있었다. 동전을 넣으면 그 무게를 측정해서 작동하는 간단한 장치였지만, 정확한 크기나 무게를 확인하는 방법으로 위조 동전을 구분했다는 점에서 '판단' 기능을 가진 인공 지능의 시초 중 하나였다.

중세에 들어서 태엽이나 크랭크 장치가 발달하면서 이들을 활용한 자동인형Automata, 오토마타이 다양하게 만들어졌다. 레오나르도 다빈치의 '꽃을 바치는 사자', 자크 드 보캉송의 '소화하는 오리Canard Digérateur', 나폴레옹이나 벤저민 프랭클린과도 체스를 두었다는 볼프강 폰 켐펠렌의 '투르크인The Turk' 등의 발명품은 사람들을 매혹했고, 정말로 영혼이 깃든 것처럼 느끼게 하면서 인공 지능에 대한 꿈을 꾸게 했다.

다빈치의 사자 로봇 모형.
(출처: https://www.popularmechanics.com)

철학적 추론의 시작

기원전부터 아리스토텔레스나 에우클레이데스 등 여러 철학자는 인간의 사고 과정을 기계로 재현할 수 있다는 의견을 제시했다. 17세기에 고트프리트 라이프니츠 같은 학자는 인간의 추론을 기계적인 계산으로 바꿀 수 있다고 생각해 여러 가지 논증을 진행했는데, 이런 생각으로부터 '물리 기호 시스템' 가설이 등장했고 인공 지능 연구의 지침이 됐다. 20세기에 들어와 수리 물리학 연구를 통해 인공 지능 실현 가능성에 대한 아이디어가 제시되면서 다양한 논의가 진행됐다. 0과 1이라는 단순한 기호만으로 수학적 추론 과정을 모방할 수 있음을 암시한 처치-튜링 명제 등은 디지털 컴퓨터를 통한 인공 지능 연구에 영감을 주었다.

계산 기계, 컴퓨터의 탄생

계산 기계는 고대부터 제작됐다. 그리스 시대에 천문의 움직임을 계산하는 기계 장치가 있었고, 라이프니츠 등 많은 수학자가 이러한 장치를 더욱 세련되게 발전시켰다. 19세기 초 찰스 배비지는 프로그램화 가능한 계산기인 '해석 기관Analytical Engine'을 설계했다. 증기 기관으로 작동하는 그의 발명품은 너무 정밀해서 완성하진 못했지만, 공동 작업자였던 에이다 러브레이스는 해석 기관이 정교하고 과학적인 음

프로그램 개념과 알고리즘을 고안한 역사상
최초의 프로그래머 에이다 러브레이스. 그의
이름을 딴 프로그래밍 언어도 존재한다.

악 단편을 어느 정도 복잡하고 길게 작곡할 수 있을지도 모
른다면서 인공 지능의 창작을 처음 제시하기도 했다.

현대적인 컴퓨터는 20세기 중반에 개발됐고, 앨런 튜
링의 이론적 기초를 존 폰 노이만이 발전시키는 형태로 발달
했다.

인공 지능의 여명

1940~1950년대 수많은 분야의 과학자들이 전자두뇌
제작 가능성을 논의하면서 인공 지능은 다음과 같은 과정을

통해 학문 분야로서 확립됐다.

① 뉴런 네트워크 연구

초기의 인공 지능 연구는 1930~1950년대 초에 유행하던 여러 아이디어를 조합해서 이루어졌다. 신경학 덕분에 뇌는 신경세포의 전기 네트워크이며, 전기 신호로 작동한다는 것을 알게 됐다. 전기 네트워크를 통한 제어와 안정성을 언급한 노버트 위너, 디지털 신호에 대해 이야기한 클로드 섀넌, 다양한 계산 과정과 결과를 디지털로 표현할 수 있음을 제시한 앨런 튜링 등이 다양한 이론을 주장하면서 전자 두뇌 구축 가능성을 보여주었다.

월터 피츠와 워런 매컬러 같은 학자들은 이들 이론을 바탕으로 이상화된 인공 신경 세포 네트워크를 해석해 단순한 논리 회로처럼 작동한다는 사실을 밝혔는데, 이를 통해서 훗날 '뉴런 네트워크'라고 불리는 연구가 시작됐다. 이들에게 영감을 받은 학자 마빈 민스키는 세계 최초의 뉴런 네트워크 머신 SNARC를 구축했다.

② 튜링 테스트

1950년 앨런 튜링은 논문에서 '진정한 지성을 가진 기계를 만들어낼 가능성'에 대해서 논했다. 그는 튜링 테스트를 통해 지성을 구분하기 어렵다는 점을 이야기했는데, 이 테스트는 이후 인공 지능 연구에서 하나의 지표로 받아들여졌다.

③ 게임 AI

1951년 맨체스터대학에서 두 학자가 체커와 체스 게임 프로그램을 만들었다. 한편 1960년대 초 아서 새뮤얼이 제작한 체커 게임 프로그램은 아마추어와 호각을 이룰 정도의 능력을 보여주었는데, 이후 게임 AI는 인공 지능 발전 정도를 측정하는 수단으로 사용됐다. IBM이 딥블루로 체스 대결을 벌이고, 구글이 알파고로 바둑 대결을 벌인 것도 이러한 전통 때문이다.

④ 기호적인 추론

1950년대 중반 앨런 뉴얼과 허버트 사이먼은 '논리 이론가Logic Theorist'라는 프로그램을 개발했다. 이 프로그램으로 뉴턴의 저서 『자연철학의 수학적 원리』 속 38개의 정리를 증명했고, "물질로 구성된 시스템이 마음의 특성을 가질 수 있다"라고 말했다. 시스템이 인간처럼 마음을 가질 수 있다는 말은 훗날 철학자 존 설에 의해 '강한 인공 지능'의 특성을 나타내는 것으로 사용되기에 이른다.

⑤ 다트머스 회의

1956년 다트머스 회의에서 '인공 지능Artificial Intelligence'
이라는 용어가 정해지고 그 목표가 확립되면서 인공 지능이
란 개념이 탄생했다.

인공 지능의 확장과 폭발

1997년은 IBM의 딥블루가 체스 세계 챔피언 가리 카
스파로프를 물리치면서 인공 지능이 사람을 이긴 원년으로
기록됐다.

인공 지능이라는 용어가 만들어진 후, 수많은 사람이
연구에 뛰어들었다. 인공 지능 연구는 1970년대 후반 개인
용 컴퓨터의 등장과 보급, 네트워크를 통한 분산 시스템과
슈퍼컴퓨터 개발을 통해 급격하게 발전했다. 개인용 컴퓨터
로 인공 지능을 집에서 체험할 수 있게 되면서 인공 지능에
대한 대중적 관심이 높아졌다. 개인용 컴퓨터는 인터넷의
급격한 발전과 산업화를 이끌었다. 이로 인해서 축적된 빅
데이터는 인공 지능 성장을 가져왔고, 인터넷 서비스 발전
으로 이어졌다.

빅 데이터와 기계 학습의 시대

인터넷과 스마트폰이 등장하면서 네트워크 활동에 대

한 방대한 정보가 축적됐다. 빅 데이터라고 알려진 이들 정보는 마케팅에 활용되기 시작했는데, 인공 지능 연구자들이 여기에 관심을 두면서 연구는 새로운 단계에 들어섰다.

2016년 3월, 알파고와 한국의 이세돌 9단이 바둑 대결을 벌였다. 게임을 통해 인공 지능의 완성도를 선보이는 것은 오랜 전통이지만, 바둑은 체스나 장기와 비교할 수 없을 정도로 경우의 수가 많아서 컴퓨터가 분석할 수 없다고 한 분야였다. 하지만 구글의 알파고는 세계 최고 수준의 기사인 이세돌을 상대로 4대 1로 압승했다. 이는 빅 데이터를 이용한 기계 학습이 가져온 성과였다.

본래 인공 지능은 수많은 조건과 규칙을 통해서 구성된 시스템으로 제작됐다. 가령, '사과는 빨개', '사과는 맛있어' 같은 데이터를 집어넣고 '배가 고프면 맛있는 걸 먹는다'와 같은 규칙을 설정해 배가 고프면 사과를 찾아서 먹게 구성한 것이다. '만약에(IF) ~하면(THEN) ~하라'는 조건과 규칙이 늘어날수록 인공 지능의 판단과 활동은 더욱 다채로워진다. 문제는 규칙을 넣는 데 한계가 있다는 점이다. 바둑처럼 경우의 수가 무수히 많을 때는 이를 모두 넣을 수 없으며, 때로는 어떤 규칙으로 정리해야 할지 애매하다.

고민 끝에 인공 지능 연구자들은 빅 데이터에 주목했다. 데이터를 인간이 분석해 규칙을 만들어 컴퓨터에 집어

넣는 게 아니라, 데이터를 해석하는 기능만 제공하고 다량의 데이터를 통해서 컴퓨터가 스스로 규칙을 정리하게 한 것이다. 이를 위해서는 엄청난 양의 데이터가 필요한데, 인터넷과 스마트폰의 등장으로 생긴 빅 데이터가 이러한 문제를 해결해주었다. 수많은 빅 데이터가 축적되고 분석되면서 다양한 분야에 기계 학습이 도입됐다. 한국에서도 증권이나 금융만이 아니라 언론 등 여러 분야에 기계 학습 결과물이 적용되고 있다.

차별하는 인공 지능

기계 학습의 발전과 함께 빅 데이터 수집도 늘어나고 있다. 최근 기계 학습을 위해 필요한 사진을 제공하는 아르바이트가 화제를 모았다. 본래 이런 일은 전문가가 작업하는 형태로 진행했지만, 세계를 무대로 수많은 이가 자유롭게 참여하게 함으로써 더욱 다양하고 많은 데이터를 얻으려고 한 것이다. 전문가가 찍은 사진은 완성도는 높지만 취향도 지역도 한정되며 양이 적게 마련이다. 반면, 불특정 다수가 자신이 사는 곳 주변에서 사진을 찍는다면 완성도가 낮고 제멋대로일 수도 있지만 그만큼 다양한 자료를 모을 수 있다.

문제는 아무리 많은 대중이 참여해도 데이터가 편향될 수밖에 없다는 점이다. 가령, 미국에서 데이터를 모은다면 필연적으로 기독교도와 백인 비율이 높아진다. 한국이라면 대부분 동양인이며 무종교인 비율이 높아질 것이다. 대상을 세계로 넓히더라도 인터넷 접속 환경 등 여러 이유로 인해 데이터는 한쪽으로 쏠리고, 그 결과 인공 지능은 특정한 나라나 인종, 성별, 종교 등에 편향된 사고를 하게 된다. 미국 법정에서 빅 데이터를 통해 판결을 내리는 시스템을 테스트했을 때, 같은 죄라고 해도 백인보다 흑인에게 훨씬 높은 형량을 부여하는 모습이 관측됐다. 전통적으로 흑인에게 더 엄격했던 미국의 데이터를 바탕으로 했기에 그와 같은 결과가 나온 것이다.

아이작 아시모프의 소설 '파운데이션' 시리즈에서도 비슷한 상황이 등장한다. 여기서 주인공들은 한 행성에서 로봇을 만난다. 그 로봇은 주인공들을 환영하듯 다가오지만, 그들이 말을 꺼내자 갑자기 "너는 인간이 아니야!"라면서 공격해온다. 알고 보니 그 별 사람들은 '사투리를 쓰는 사람'만을 인간으로 규정했다. 일찍이 십자군이 이교도는 인간이 아니라는 억지 주장으로 처참한 학살을 긍정했듯이, 차별과 편견을 반영한 결과 인공 지능이 인간을 습격하게 된 것이다.

기계 학습은 기계 스스로 규칙을 작성한다는 점에서 공정하게 보일지도 모르지만, 그 바탕이 되는 프로그램을 만들고 데이터를 모으는 존재가 인간이라는 점, 나아가 인간의 생활 자체가 편향되어 있다는 점에서 역시 공정한 판단은 어렵다는 것을 보여준다. 빅 데이터와 기계 학습의 시대에 이 같은 '올바름'을 구현하는 것은 인공 지능의 큰 숙제가 되고 있다.

창작하는 컴퓨터

최근 연구에서 '인공 지능 창작'이 화제가 되고 있다. 처음에는 무작위로 정해진 패턴을 출력하는 것에 그쳤던 인공 지능 창작은 기존 창작물을 분석하고 패턴화하면서 비슷한 것들을 만드는 형태로 발전했다. 2016년 마이크로소프트에서는 렘브란트의 작품을 분석해 렘브란트풍 그림을 그렸으며, 소니에서는 비틀즈풍 음악 연주를 진행하는 시스템을 선보였다. 그 밖에 로봇을 이용한 연주 등 인공 지능을 통한 예술 활동은 점차 늘어나고 있다. 인공 지능 창작은 더욱 대중화되고 있는데, 구글에서는 2019년에 바흐의 탄생 기념으로 '바흐 스타일 화음'을 넣어주는 시스템을 로고인 구글 두들을 통해 무료로 공개하기도 했다.

인공 지능 창작과 관련해 사이버 가수의 등장도 빼놓을 수 없다. 야마하에서 만든 하츠네 미쿠는 음성 합성을 이용한 보컬로이드로, 다양한 곡에 맞추어 노래를 부르고 홀로그램을 이용해 공연을 연출했다. 3D 캐릭터의 노래에 열

4장
인간이 창조한 지능, AI

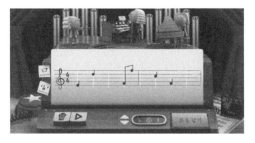

바흐식 음악을 만들어주는 화음 작성기.
(https://www.google.com/doodles/
celebrating-johann-sebastian-bach)

광하는 관객들의 모습은 새로운 시대의 공연 가능성을 보여
주었다. 애니메이션 〈메가존 23〉처럼 대중 취향의 사이버
가수를 내세워 사람들을 선동하는 일도 충분히 가능하다.

　　패턴화가 비교적 쉬운 그림과 음악에서의 성공과 달리
스토리 창작 분야에서 인공 지능의 활약은 아직 부족한 상황
이다. 몇 년 전, 한 개발자가 인공 지능을 이용해 시트콤 '프
렌즈' 시리즈의 새로운 에피소드를 만들어서 화제가 됐지만,
이는 단지 기존 패턴을 분석하고 유사하게 만들어낸 것에 불
과했다. 등장인물들이 알 수 없는 대사를 말하거나 몇 번이
고 절규하는 등 횡설수설하는 내용이었다고 한다.

　　IBM에서는 인공 지능 왓슨에게 스릴러 영화 〈모건
Morgan〉의 예고편을 만들도록 했다. 1,000개의 예고편을 학습

한 뒤 구성해 어느 정도 멋진 분위기로 잘 편집했지만, 역시 스토리를 이해하고 만든 것이 아니어서 기술적인 면 이상의 효과는 보여주지 못했다.

그 밖에 인공 지능이 대본을 쓴 공포 영화 〈임파서블 씽 Impossible Things〉이나 유명 배우가 출연해 화제를 모은 〈선스프링Sunspring〉, 〈게임이 아니다It's No Game〉 같은 작품도 있었지만, 이 역시 인공 지능은 스토리를 이해하지 못한다는 것을 확인하는 데 그쳤다. 현 상황에서는 가까운 장래에 인공 지능이 만든 소설이나 만화, 영화를 기대하긴 어려울 듯싶다.

인공 지능 창작이 대중화되면 창작자를 구분한다거나 저작권과 관련한 문제 등 다양한 고민거리가 생기는 만큼, 이에 대해서 생각해둘 필요가 있다. 가령 내가 인공 지능을 이용해서 그림을 그렸다면 그것은 내가 그린 것인가? 아니면 인공 지능이 그린 것인가? 어느 쪽이건 상관없다고 하겠지만 유명인이 직접 그린 것과 남의 그림에 사인만 한 경우의 가치 차이는 무시할 수 없다. 구글 같은 회사에선 인공 지능이 만든 무언가엔 반드시 서명을 기재하도록 하지만, 인공 지능 창작 시스템이 대중화되어 그 가치가 떨어진다면 이러한 서명을 감추려는 사람이 늘어나게 될 것이다.

현재는 인공 지능 창작물이 비싸게 거래되는데, 희귀성 때문이다. 인공 지능 창작물이 넘쳐난다면 그 가치는 분명히 떨어질 것이며 많은 사람은 인공 지능이 아닌 인간의 창작물을 바라게 될 것이다. 이처럼 '(나에게) 가치 있는 것을 소비하고 싶다'고 생각하는 이용자와 인공 지능만큼 빠르게 생산할 수 없는 인간 창작자를 보호하고 빅 데이터 창작물로 인한 저작권 침해 등을 피하려면 인공 지능 창작 시대에 대한 법적·윤리적 문제를 고민해봐야 한다. 누군가는 인공 지능 창작 시스템이 작가의 역할을 빼앗는 게 아니라 오히려 돕는다고 말한다. 가령 단어를 찾아주거나 자료를 찾는 기능으로 도움을 줄 수 있다는 것이다. 하지만 여기엔 문제가 없을까?

아이작 아시모프의 단편 「교정 보는 로봇」에서 로봇에 문제가 있다며 재판을 걸었다가 패배한 사람은 "교정 작업이 괴롭고 그 과정이 단순하지만, 그것 역시 작가에게는 가치 있는 노동"이라고 말한다. 개인 출판 시대인 지금도 출판사와 편집자의 역할이 중요하듯 대체할 단어나 필요한 자료를 찾는 일이 시간 낭비로 보이겠지만, 이것 역시 창작의 한 과정이라는 이야기다.

2. SF 속 인공 지능, 프랑켄슈타인의 신화

메리 셸리의 소설 『프랑켄슈타인: 현대의 프로메테우스』에서는 당시 유행하던 생체 전기 이론(우리 몸은 전기에 의

'괴물의 탄생.' 흔히 프랑켄슈타인을 괴물이라 생각하지만, 사실 그 이름은 괴물을 만든 박사, 즉 인간의 이름이다.

해서 움직인다는 이론)을 바탕으로 전기로 부활한 시체 이야기를 소개한다. 완벽한 생명체를 만들고 싶었던 프랑켄슈타인 박사는 시체를 모아서 전기로 부활시키지만, 그 시체는 괴물 모습으로 깨어난다. 겉모습은 끔찍하지만 내면은 인간보다 더 인간적인 괴물과 이에 맞서다 죽은 프랑켄슈타인 박사의 이야기. 이 작품은 '인간의 본질'에 대한 철학적 고민과 함께 '인간이 만든 존재에 대한 공포'를 뜻하는 '프랑켄슈타인 증후군'이란 용어를 남겼다.

메리 셸리 이후 SF는 프랑켄슈타인 증후군의 지배를 받았다. 이는 '로봇'('일하다'라는 뜻의 체코어 '로보타Robota'에서 왔다)이란 말을 처음 사용해 대중화시킨 카렐 차페크의 희곡

『로숨의 유니버설 로봇R.U.R』도 마찬가지였다. 인간의 노예로 만들어진 인조인간 로봇(여기선 기계가 아니라 합성 인간에 가깝다)은 어느새 인간을 몰아내고 세상을 차지한다.

'노예가 자유를 찾듯이 로봇도 자유를 찾고 인간을 몰아낼 것이다.' 로봇에서 계급 사회나 노예 제도를 떠올린 사람들은 프랑켄슈타인을 재창조하며 두려움을 반복했다. 이러한 흐름은 아이작 아시모프라는 작가가 등장하면서 달라졌다. 이언도 바인더의 『아이, 로봇I. Robot』에서 영감을 얻은 아시모프는 인간이 만들어낸 로봇은 인간 기술로 통제할 수 있다고 생각하고 '로봇 3원칙'이라는 법칙을 제시했다.

로봇 공학Robotics의 탄생

단편「술래잡기 로봇Runaround」에 처음 나온 '로봇 공학 3원칙'의 내용은 다음과 같다.

1. 로봇은 인간에게 해를 가하거나 위험에 처한 인간을 무시해선 안 된다.

2. 로봇은 1원칙에 어긋나지 않는 한, 인간의 명령에 복종해야 한다.

3. 로봇은 1, 2 원칙에 어긋나지 않는 한, 자신을 지켜야 한다.

아시모프는 로봇 시스템에 이 원칙을 적용해 '프랑켄슈타인 증후군'을 어느 정도 예방할 수 있다고 생각했다. 그의 작품 속 로봇은 핵심 부분에 이 원칙이 프로그램화되어 있어서 이를 어기면 양자 두뇌(인공 지능)에 이상이 발생하고, 심하면 활동이 정지된다. 아시모프는 수많은 작품에서 로봇 공학을 활용해 독특한 이야기를 선보였다. 흥미로운 점은 그 자신이 로봇 3원칙의 모순을 파고든 이야기를 즐겨 만들었다는 점이다.

「술래잡기 로봇」에선 인간의 명령과 자신의 위험 사이에서 오락가락하는 '스피디'란 로봇을 등장시켰다. 수성 기지에서 자원 채취를 명령받은 스피디는 제2원칙에 따라 웅덩이로 다가가지만, 그곳에서 나오는 화학 물질이 스피디에게 위험해서 제3원칙이 강화되어 다시 돌아간다. 그리고 다시 2원칙이 강화되어 웅덩이로 향하고…. 이렇게 오락가락하던 스피디를 인간인 파웰이 위험을 무릅쓴 행동으로 자신에게 오도록 유도함으로써 사건은 해결된다. 이 강렬한 작품을 통해 아시모프는 3원칙이 절대적인 규칙인 동시에 모순이 생길 수도 있음을 보여주었다.

아이작 아시모프는 '로봇 3원칙'을 통해 로봇이 노예의 상징이 아니라, 새로운 기술이자 도구라는 점을 명확히 했다. 아시모프 이후 SF에서는 노예 해방의 모방이 아닌 인공 지능 시스템의 특성을 반영한 작품이 늘어났고, 명령을 충실히 따르면서도 인간을 위협하는 인공 지능이 등장했다. 이 중 대표적인 사례로 앞서 소개한 HAL9000을 들 수 있다.

인공 지능에 대한 유명한 명제로 '종이 클립 최대화 기계Paperclip Maximizer'라는 것이 있다. 클립을 만드는 로봇이 있다고 가정해보자. 이 로봇이 학습과 개량으로 기능을 향상할 수 있다면 로봇은 더욱 많은 클립을 만들고자 개량을 거듭할 것이다. 그 결과 로봇은 자신을 방해하는 모든 것을 배제하고 오직 클립 만들기에 열중해 우주를 클립으로 가득 채우고 만다.

필립 K. 딕의 단편 소설 「두 번째 변종Second Variety」은 바로 이 같은 효율성을 높인 로봇의 말로를 잘 보여준다. 인류가 둘로 갈라져서 전쟁을 벌이는 가운데, 적을 효율적으로 죽일 수 있는 로봇이 탄생했다. 로봇은 스스로 개량하도록 설계됐는데, 병사들이 방심하도록 아이 모습을 하거나 상처 입은 병사 모습을 하는 등 인간을 더욱 효율적으로 죽일 수 있는 로봇이 생겨나며 인류를 위협한다.

SF에서는 지구 환경을 지키기 위해 만들어진 인공 지능이 인간이 환경에 방해가 된다고 판단해 습격하는 이야기가 종종 등장한다. 로봇 3원칙처럼 '인간을 지켜야 한다'는 기본 법칙을 설정한다면 이러한 문제를 줄일 수 있겠지만, 클립 만드는 로봇처럼 직접 공격하지 않더라도 인간의 삶을 위협할 가능성은 적지 않다.

실례로 훗날 아시모프는 『로봇과 제국』이란 작품에서 '로봇은 인류에게 해를 가하거나 위험에 처한 그들을 무시해선 안 된다'라는 0원칙을 추가함으로써 로봇이 인류를 이끄는 존재가 될 것을 예견했다. 하지만 영화 〈아이, 로봇〉에서 0원칙을 가진 인공 지능 비키는 '인류를 보호하려면 인간을 통제해야만 한다'고 생각하며 인류 지배에 나선다. 인공 지능의 지배는 평화를 위한 지름길이 될 수도 있지만, 동시에 인간이란 종이 멸망하게 될 수도 있음을 로봇 공학은 보여준다.

안드로이드, 또 다른 생명체

'안드로이드Android'는 프랑스 작가 빌리에 드 릴라당의 소설 『미래의 이브L'Ève future』에서 나온 용어다. 그리스어로 '인간andro'과 '형상eidos'을 합성해 만든 이 용어는 보통 인간 모양을 한 기계 장치를 가리키는 말로 널리 쓰이게 됐다(좀 더 인간적인 존재를 휴머노이드Humanoid라고 부르기도 한다).

『미래의 이브』는 그리스 신화의 피그말리온을 바탕으로 한 이야기다. 아름다운 외모와는 달리 감성과 지성이 모두 형편없는 여성에게 실망한 주인공이 그녀와 외모는 똑같지만 감성과 지성이 완벽한 인조인간과 결혼한다는 내용으

4장
인간이 창조한 지능, AI

로, 많은 작품에 영감을 주었다.

　인공 지능으로 만들어낸 로봇은 기술에 따라서 더없이 완벽한 친구이자 파트너, 연인이 될 수 있으며, 때로는 부모나 아이도 될 수 있다. 오직 나만을 사랑하고 바라보며 나만을 위해서 살아가는 존재. 사회생활과 인간관계에 지친 사람들에게는 더없이 매력적으로 느껴지겠지만, 이들은 인간과 시간을 공유할 수 없다는 문제가 있다.

　만화 『철완 아톰』에서 천재적인 과학자 텐마 박사는 사고로 죽은 아들을 닮은 로봇을 만들었다. 처음에는 아들이 돌아왔다며 기뻐했지만 로봇이 더는 자라지 않는 것에

기계 장치는 아니지만, 인간이 만든 합성 인간과의 관계를 고민하게 만드는 〈블레이드 러너〉.

절망하며 화를 내고 결국 내다 버린다. 시간을 함께할 수 없다는 것에 대한 절망감은 로봇 쪽도 마찬가지일 것이다. 만화 『나의 마리』에서 제작자인 주인공을 사랑하는 로봇 마리는 자신은 시간이 지나도 영원히 젊을 것이라고 말하면서도 "함께 늙어갈 수 있다는 건 얼마나 행복한 것인가"라면서 슬퍼한다. 물론, 기술이 발전하면서 성장하는 로봇이 탄생할 수도 있다. 애니메이션 〈아미테이지 더 써드〉에서처럼 아이를 낳을 수 있는 기능까지 더해진다면 인간과 로봇의 경계는 완전히 사라질 수도 있다.

인공 지능의 미래

양원영의 소설집 『안드로이드여도 괜찮아』에는 미래에 디스토피아가 일어날지를 궁금하게 여긴 안드로이드가 시간여행을 하는 이야기가 나온다. 주인공이 도착한 미래 세계에서 안드로이드는 완전히 인간을 넘어섰음에도 인간과 동등하게 공존하고 있었다.

'힘 있는 자는 약한 자를 억압하고 종속시킨다'고 생각한 주인공이 인간과 공존하는 이유를 묻자 상대는 "안드로이드는 인간이 아니며, 결코 인간이 될 수 없다. 인간이 안드로이드의 디스토피아를 염려한 것은 안드로이드에게 자신을 투영한 결과일 뿐, 안드로이드의 개체, 사회적 특성과는 무관

하다"라고 말한다. 결국, 안드로이드, 인공 지능이 인간과 닮았더라도 인간과 같은 존재가 아니라는 이야기다.

아이작 아시모프가 로봇 3원칙을 내세우면서 로봇과 인간은 다르다고 말한 뒤 오랜 시간이 흘렀지만, 지금도 사람들은 인공 지능을 또 다른 인간이라 생각하며 이야기한다. 인공 지능을 통해 인간의 죄악을 보고, 인간의 매력을 느끼며, 인간의 두려움을 만난다. 그로 인해 SF 속 인공 지능 이야기는 현재 기술과 점점 멀어지는 듯하다. 하지만 SF가 현실의 과학에서 탄생했고 영감을 주며 발전한 이상, 앞으로 SF 속 인공 지능 이야기도 좀 더 다양하게 발전하면서 미래를 밝혀줄 것이다.

SF 역사 속 인공 지능 사건

SF 속에서 인공 지능은 인간의 친구이자 가족, 연인이었고, 때로는 좋은 동료로서 이야기를 이끌어나갔지만 동시에 인간의 삶을 위협하기도 했다. 여기서 인류의 운명을 바꾼 SF 속 인공 지능에 관한 사건을 소개한다.

① 피로 물든 놀이공원
—— 영화 〈이색지대 West World〉
성인을 위한 체험 공원 델로스는 서부나 중세, 로마 시

마이클 크라이튼 감독의 〈이색지대〉.
어린 시절 공포에 떨게 한 영화다.

대를 무대로 인간과 똑같이 생긴 로봇 악당을 죽이고, 로봇 노예를 데리고 놀면서 지낼 수 있는 곳이다. 델로스의 여러 시설 중 서부 시대를 무대로 총잡이가 되어 활약할 수 있는 웨스트월드에서도 로봇 악당들은 싸움 끝에 인간에게 살해되어 사라지지만, 이날은 무언가 달랐다. 어제까지 순순히 손님의 총에 맞아 쓰러지던 총잡이 로봇이 갑자기 총을 들고 인간을 쏴 죽인 것이다. 공원은 살육의 현장으로 바뀌었다. 병사는 창으로, 로봇 노예는 칼을 들고 인간을 습격했다. 갑작스러운 습격에 손님들은 무방비 상태로 당했다. 친구를 잃고 도망친 주인공이 중앙 동력 장치를 파괴하면서 공원 시스

4장
인간이 창조한 지능, AI

템은 멈췄지만, 총잡이만은 멈추지 않고 무표정한 얼굴로 주인공에게 다가왔다. 학살극을 벌이던 로봇은 결국 파괴됐지만, 델로스 사건은 로봇 추격자에 대한 악몽으로 기억됐다.

② 스카이넷, 자아를 깨닫다
─── 영화 〈터미네이터Terminator〉

둠스데이(종말의 날), 그것은 갑작스레 찾아왔다. 어느 평화로운 아침에 전면 핵전쟁이 일어났고 기계 몸을 한 병사들이 인간 학살에 나섰다. 절망의 시대는 그렇게 시작됐다. 모든 것은 학습 기능을 가진 군사 컴퓨터 스카이넷이 저지른 일이었다. 어느 날 자신의 존재를 깨달은 스카이넷이 창조주인 인간을 적으로 인식하고 자기가 통제하던 핵병기를 작동시킨 것이다. 인간은 뒤늦게 기계의 위험성을 깨달았지만, 이미 기계와의 전면전이 전개되고 있었다. 스카이넷은 인류 지도자인 존 코너와 동료들의 활약으로 패배했지만, 단 하나의 컴퓨터에 의해 70억 인류가 한순간에 멸종 위기에 몰린 이 사례는 인공 지능이 일으킨 가장 끔찍한 사건 중 하나로 기억된다.

③ 코타나, 은하 지배를 선언하다
─── 게임 〈헤일로 5Halo 5〉

사건은 한때 인류의 소중한 동료였던 인공 지능 코타나의 메시지에서 시작됐다. 외계 종족에 맞서는 전사를 지원하는 시스템으로 동료를 구하고 소멸한 줄 알았던 코타나가 어느 날 인류 앞에 다시 모습을 드러낸 것이다. 돌아온 코타나는 더는 동료가 아니었다. 초고대 문명의 힘을 얻어 나타난 코타나는 "우주의 영원한 평화를 위해서는 인공 지능이 세상을 관리해야 한다"며 우주 전역에 전쟁을 선포했다. 강력한 힘을 발휘하는 코타나의 공격 앞에 인류는 속절없이 무너지고 은하는 코타나의 손에 들어가고 말았다. 인류만이 아니라 은하의 모든 존재가 인공 지능에 의해 지배되는 세상. 인류만이 아니라 그 어떤 자연 생명체도 세상의 지배자가 될 수 없게 된 참사. 동시에 영원한 평화가 찾아온 것이다.

④ 멀티백, 테러를 당하다
────── 소설 『세상의 모든 문제All the Troubles of the World』

코타나 같은 인공 지능에 의한 통제는 처음엔 불쾌할지 모르지만, 부패도 휴식도 모르고 공정하기 이를 데 없는 그들의 지배는 인류에게 평화를 안겨줄 수도 있다. 인공 지능 멀티백은 인류를 평화롭게 이끌어준 훌륭한 존재였다. 지혜롭고 공정하며 내가 가진 재능과 가능성을 나 자신보다 더 잘 아는 멀티백은 좋은 파트너이자 조언자, 때로는 친구이자 부모 같은 존재로서 삶을 이끌어주었다.

그런 만큼 한 소년이 체포된 사건은 사람들을 충격에 빠뜨렸다. 체포됐을 당시 소년은 멀티백 동력 장치를 끄기 직전이었다. 이는 멀티백의 사망을 뜻하는 것으로, 세상 모든 사람이 멀티백에 의존한다는 점을 생각할 때 이 일은 지극히 끔찍한 참사였다. 하지만 이상한 점이 있었다. 누구도 소년이 동력 장치에 접근하는 것을 막지 않은 것이다. 게다가 소년은 자신의 행동이 어떤 결과를 가져올지 알지 못했다. 도대체 무슨 일이 벌어진 것일까?

답은 멀티백에 있었다. "네가 진정으로 하고 싶은 일이 뭐냐"고 묻는 말에 멀티백은 "죽고 싶다"라고 답한다. 50년간 모든 인류의 문제를 해결하느라 노력한 멀티백은 완전히 지쳐버렸다. 휴식이 필요 없을 듯한 인공 지능조차 자살하고 싶어질 만큼 절망스러운 상황. 그것이야말로 누구도 생각하지 못한 진정한 의미의 인공 지능 참사가 아닐까?

5장

인간을 연결하는 네트워크

오랜 옛날부터 사람들은 서로를 연결하고자 애써왔다. 글과 그림으로 시간을 넘어 미래로. 연기나 소리, 빛을 통해 공간을 넘어 저편으로. 그러한 연결의 가능성은 20세기에 들어서면서 전자 네트워크라는 세계를 통해 확장됐다. 여기서는 네트워크를 통한 미래의 가능성을 소개한다.

1
네트워크가 보여주는
무한한 삶의 가능성

『공각기동대』

"기업의 네트워크가 별을 뒤덮고 전자와 빛이 우주를 누비지만, 국가나 민족이 사라질 정도로 정보화되어 있지는 않은 가까운 미래…." 『공각기동대』는 일본의 만화가 시로 마사무네가 만든 SF 만화다. 30여 년 전에 나온 이 작품은 애니메이션으로 제작되고, 미국에서 영화로 만들어질 정도로 많은 사람에게 사랑받았다. 주인공 쿠사나기 모토코는 경찰의 공안 9과, 일명 '공각기동대'라는 부대의 지휘관이다. 몸의 대부분이 기계로 되어 있는 그녀는 뛰어난 운동 능력으로 악당에 맞서 싸운다. 하지만 그녀의 진정한 실력은 네트워크를 이용할 때 발휘되는데 그야말로 천재 해커의 솜씨를 보여준다.

시대는 2029년. 네트워크 기술이 매우 발달한 세계에서 사람들은 모든 것을 네트워크를 통해 할 수 있다. 검색이나 쇼핑은 물론이고, 자동차를 운전하고 자기하고 똑같이 생긴 로봇을 조종해서 대신 일할 수 있다. 출퇴근하지 않아도, 학교에 가지 않아도, 심지어 집에서 나오지 않아도 살아가는 데 전혀 지장이 없다. 다른 사람의 두뇌를 해킹해서 그 사람의 눈으로 세상을 보거나 조종할 수도 있다. 네트워크를 통해서 내가 아닌 다른 사람이 되어 세상을 돌아다닐 수 있다.

『공각기동대』의 세계에선 스마트폰이나 컴퓨터가 없어도 네트워크에 접속할 수 있다. 간단한 조작 장치를 목걸이처럼 차고 생각만 하면 되기 때문이다. 조작 장치는 뇌파에 의해 작동하고 눈앞에 접속한 내용을 보여준다. 몸을 개조해서 기계 몸과 기계 뇌를 가진 사람도 있지만, 그렇게 하지 않고도 안경이나 콘택트렌즈 하나면 간단히 사용하고 생활할 수 있다. 모든 것이 인터넷에서부터 발달한 컴퓨터 네트워크 기술 덕분이다.

컴퓨터 네트워크 기술은 매우 오래전에 탄생했지만 이를 본격적으로 사용하게 된 것은 '인터넷'이라고 불리는 전 세계 통신 네트워크가 등장하면서다. 본래 군사용으로 개발된 아파넷ARPAnet이라는 시스템에서 시작된 인터넷은 모든 컴퓨터를 하나의 통신망 안에 연결하려는 목적으로 만들어졌다.

인터넷 등장 이전에 네트워크는 특정 회사의 서비스에 가입하고 전화선을 이용해 해당 서비스의 시스템에 접속해서 이용해야 했다. 현재의 네이버나 다음 같은 포털처럼 해당 기업에서 만든 카페나 서비스만 이용 가능했다. 당연히 블로그나 개인 홈페이지 같은 것은 없었다. 한국에 있는 사람은 한국 서비스만, 미국에 있는 사람은 미국 서비스만 이용할 수 있었다. 한국에서 미국의 친구와 네트워크로 대화를 나누는 일은 불가능했다.

그런데 인터넷이 등장하면서 전 세계 모든 네트워크가 하나로 연결됐다. 미국에서 한국 사람이 만든 홈페이지에 들어와서 이야기를 나누고, 일본의 쇼핑 사이트에 접속해서 물건을 살 수 있게 된 것이다. 네트워크 속도가 빨라지고 컴퓨터 성능이 좋아지면서 미국에서 열리는 크고 작은 행사를 실시간으로 바라보고, 세계 여러 나라 사람이 모여서 함께 게임을 즐길 수 있게 됐다. 『공각기동대』가 나온 1989년에는 만화 속 꿈이었던 내용이 현실이 된 것이다.

『공각기동대』의 상상력은 아직 완전하게 실현되지는 못했다. 네트워크에 접속해서 하와이에 사는 사람의 블로그에 들어갈 수 있지만, 그곳으로 직접 날아간 것처럼 느끼지는 못한다. 자동차를 원격 조종할 수는 있지만, 로봇 몸을 이용해 자유롭게 활동할 수는 없다. 생각만으로 인터넷에 접속해 돌아다니는 일도 아직 불가능하다.

하지만 이러한 상상력은 조만간 현실이 되어 지금보다도 더욱 자유롭게 네트워크를 통해서 세계 각지를 돌아다니게 될 것이다. 진정으로 국경 없이 세계를 여행하게 되는 것이다. 문자나 그림만이 아니라 향기나 촉감 같은 다양한 정보가 전달되면서 단순히 사진이나 동영상을 보는 일에 그치지 않고 내가 정말로 거기에 가 있는 듯한 기분을 느끼게 될 수도 있다. 하와이 해안을 거닐고, 시베리아 눈을 맞고, 인도 카레와 이탈리아 피자를 직접 맛볼 수 있을 것이다. 제 자리에 앉아서 세계 일주를 할 수도 있다.

기술적으로 볼 때, 이러한 일은 절대로 불가능하지 않다. 무언가를 맛보고 냄새 맡을 수 있는 것은 우리 몸의 신경 조직이 해당 정보를 뇌에 전달하기 때문이다. 어떤 형태로든 뇌에 냄새 정보를 전달할 수만 있다면 눈앞에 존재하지 않는 물건의 냄새를 맡는 일도 가능해질 것이다.

　　이렇게 된다면 네트워크는 좀 더 편하고 유용해질 수 있다. 키보드를 입력하거나 마우스를 조작하지 않고도 네트워크 세계를 자유롭게 다니면서 다양한 활동을 체험할 수 있기 때문이다. 하지만 그 세계가 무조건 좋다고는 할 수 없다. '공각기동대'는 미래 세계의 경찰 조직이다. 네트워크 기술이 발달해 인간의 삶은 더 좋아졌지만, 그만큼 범죄나 테러도 더욱 손쉬워졌기 때문에 그에 맞서는 경찰력으로서, 더 정확히는 법을 넘어선 조직으로서 공각기동대 같은 조직이 등장한 것이다.

　　전 세계를 자유롭게 넘나드는 네트워크 세계에선 범죄도 세계화가 된다. 지금 이 순간에도 수많은 사람이 컴퓨터 바이러스나 해킹 피해를 보고 있으며, 네트워크를 이용한 스토킹이나 성범죄 같은 사건들도 늘어나고 있다. 그중 대부분은 다른 나라 사람에 의한 것이다. 네트워크 세계에서 벌어지는 범죄가 국경을 넘나들면서 이런 상황에 대처하는 일이 점차 힘들어지고 있다.

뇌파를 이용한 네트워크 접속에서도 문제는 일어날 수 있다. 뇌파를 이용해서 간단히 장치를 조종하고 네트워크를 마음대로 돌아다닐 수도 있지만, 반대로 다른 사람에 의해서 내가 조종당하는 일도 발생할 수 있다. 네트워크를 통해 향기를 전하고 느낄 수 있다면 지독한 악취도 충분히 전달할 수 있을 것이다. 강의 오물 냄새를 맡게 하는 것은 좀 더 환경을 신경 쓰고 보호하려고 노력하는 마음을 갖게 할지도 모르지만, 솔직히 그다지 유쾌한 일은 아닐 것이다.

무엇보다도 문제가 되는 것은 네트워크 속 정보는 쉽게 바꿀 수 있다는 것이다. 누군가가 악의적으로 내 정보를 마음대로 훔쳐보고 뜯어고치면 어떻게 될까? 한순간에 모든 것을 잃게 될지도 모른다.

네트워크 세계는 넓고도 다채롭다. 그야말로 불가능한 일이 없는 세계처럼 보일지도 모른다. 하지만 그러한 가능성의 이면에는 공각기동대 같은 조직이 필요할 만큼 범죄 위험이 도사리고 있다. 편리함과 위험이 공존하는 네트워크 세계. 우리의 삶은 과연 어떻

게 변할까? 『공각기동대』 속 미래는 그에 대한 해답이
될 것이다.

껍질 속에 영혼이 깃들다(The Ghost in the Shell)

월드 와이드 웹은 고사하고, 단말을 이용한 컴퓨터 통신조차 별로 알려지지 않았던 1989년. 일본의 한 만화 잡지에서 『공각기동대』는 시작됐다. "기업의 네트워크가 별을 뒤덮고 전자와 빛이 우주를 누비지만, 국가나 민족이 사라질 정도로 정보화되어 있지는 않은 가까운 미래…" 기묘한 해설로 시작되어 세밀하게 그려낸 미래 세계. 의체라고 불리는 기계 몸과 로봇, 인공 지능과 네트워크, 가상 현실, 나아가 두뇌까지도 대부분 기계로 바꿔 성별이나 외모도 제멋대로인 기술이 넘쳐나는 시대를 무대로, 당시엔 상상도 할 수 없던 기묘한 사건과 이야기가 쏟아져 나오는 이 작품은 독자의 눈을 사로잡으며 컬트적인 인기를 누렸다.

1995년에 나온 극장용 애니메이션은 이 작품을 전설로 만들었다. 오시이 마모루 감독은 컴퓨터 그래픽을 대범하게 도입한 강렬하고 참신한 영상으로 일본인뿐만 아니라 외국인의 눈까지 사로잡으며 〈매트릭스〉 등 많은 작품에 영감을 주었다.

『공각기동대』가 심어준 미래의 비전은 한 편의 만화에 그치지 않고, 30년 세월을 넘어 지금도 계속 성장하고 있다. 극장판 애니메이션에 이어 수십 편의 TV 애니메이션 시리즈가 등장했고, 원작으로 두 권의 만화가 더 나왔으며, 외전 소설이나 다른 만화가가 그린 작품은 더 많다. 여기에 '공각기동대' 탄생 이전을 무대로 한 외전 〈공각기동대 ARISE〉와 할리우드판 실사 영화에 이르기까지 『공각기동대』라는 존재는 꾸준히 넓어지고 있다.

존재의 증명(HUMAN-ERROR PROCESSER)

『공각기동대』는 2029년, 지금으로부터 고작 9년 뒤를 무대로 한다. 두 번의 전쟁을 거쳐 나라들이 더욱 큰 규모의 경제·정치 블록으로 통합되어가는 지구. 기술 개발로 사람들은 몸 대부분을 기계로 바꿀 수 있고 인공 지능은 인간과 구분하기 어려울 만큼 발전해 둘을 구분할 수 있는 것은 오직 증명하기 어려운 '고스트(영혼)'라는 존재와 내가 인간이라고 생각하는 의식뿐이다. 하지만 그것을 남에게 증명할 방법은 없다.

『공각기동대』에서 인형사라는 프로그램은 자신에게 영혼이 있다고 주장하지만 이를 입증하지는 못한다. 뭔가 놀라운 지능을 가진 것처럼 보이지만, 그것이 영혼을 증명할 순 없다. 그가 '진정한 생명체'로서 거듭나게 된 것은 『공각기동대』 마지막에 주인공인 모토코에게 인정받았기 때문이다. 어떤 일로 인해 다른 몸으로 옮겨야 했던 모토코는 그 과정에서 기억 회로 속에서 소멸했다고 여긴 인형사를 다시 만나 이야기를 나눈다. 모토코는 인형사를 생명체라고 여기진 않았지만, 적어도 그의 존재를 인정하고 받아들여 융합한다. 그 결과 인형사는 새롭게 변화해 생명체로 거듭난다.

기술로 연결되어가는 인간(MANMACHINE INTERFACE)

"네트는 광대하군." 이렇게 말하며 떠나간 모토코는 만화 2권에서 또 다른 모습으로 돌아온다. 이전과는 다른 외모와 성씨를 가진 모토코는 자신이 일하는 회사에서 어떤 사건을 만나게 되는데, 그 과정에서 '또 다른 모토코'와 맞선다. 2권의 주인공은 1권의 모토코가 아니라, 인형사와 융합한 그가 네트워크에 남긴 정보로부터 탄생한 후손이었다.

기억이 이어진다는 점에서 새로운 모토코들은 본체의 복사본이지만 각기 다른 개성을 가졌으며 자신의 목적을 위해선 다른 모토코, 심지어 본체와도 대립할 수 있는 독립적인 개체다. 그들은 처음에는 같은 정보로부터 생겨났지만 네트워크와 현실에서 다른 정보를 접하는 과정에서, 특히 다른 인간과 만나면서 개성을 얻었다(실례로 2권의 모토코는 9과 부장이었던 아라마키와 같은 성을 사용한다).

네트워크의 같은 정보에서 시작한 모토코의 후손들이 제각기 다른 사람을 통해 달라진 모습은 시로 마사무네의 『공각기동대』라는 작품이 수많은 창작자를 만나 다른 작품으로 변화한 것과 비슷한 느낌을 준다. 하지만 모토코의 후손들처럼 시로 마사무네의 『공각기동대』에 담긴 유전자는 소멸하지 않았다. 창작이 이루어질수록 작품의 모습은 달라졌지만, 『공각기동대』는 불멸

5장
인간을 연결하는 네트워크

의 진실이 되어 살아남았나.

　누군가는 말했다. '사람은 모두 누군가와 연결된다'고. 함께 이야기하고, 일이나 게임을 하면서 같은 시간을 나누는 것만으로 우리는 서로의 일부가 되어 변화시키고 하나가 된다. 일찍이 우리는 주변에 사는 얼마 안 되는 사람만 만날 수 있었다. 그렇기 때문에 그다지 많이 달라질 필요가 없었다. 하지만 기술이 발달하면서 더욱 많은 사람을 접하게 됐다. 더 먼 거리를 이동하고, 멀리 떨어진 사람과 대화를 나누고, 오래전에 사라진 누군가의 모습을 보고 이야기할 수 있게 됐다. 그 결과 사람들은 더욱 다양한 방식으로 연결되며 변화했다.

그리고 우리…

일찍이 아버지를 여읜 소년이 있었다. 세월이 흐르고 어느 날 아버지가 그리워진 소년은 함께 즐기던 게임기를 컸다. 그리고 소년은 그 안에서 아직도 달리고 있는 아버지를 발견했다. 그것은 단지 베스트 드라이버로 등록된 플레이어의 주행 모습을 재현하는 시스템에 불과했지만, 그날부터 소년은 자신의 눈앞에서 달리는 아버지를 쫓아 질주하기 시작했다. 매일 같이 달리고, 달리고 또 달리고…. 아버지를 추월해 승리를 눈앞에 두었을 때, 소년은 계속 달릴

플레이한 내용을 기억하는 게임. 이러한
기억이 영혼을 만들어낼 수 있을까?

294

수 없었다. 아버지를 넘어선다는 것은 곧 아버지의 영혼이 사라지는 것을 뜻했기에.

그렇게 소년의 아버지는 지금도 게임 세계를 달리고 있지만, 그가 존재하는 것은 단지 게임이란 기술 덕분만은 아니다. 게임 속 그는 단지 데이터에 지나지 않는다. 그 데이터라는 껍데기에 영혼을 불어넣고 진정한 영생을 부여한 것은 바로 평범한 외형의 자동차에서 아버지의 영혼을 발견한 한 소년의 마음이었다.

한자로 인간人間은 사람과 사람 사이를 가리킨다고 한다. 누군가 다른 사람이 필요한 존재라는 말이다. 남을 인정하고 생각하는 마음, 그 마음을 통해서 우리는 누군가를 인간이라 부르며 나의 일부로 받아들인다.

『공각기동대』에서 인형사는 모토코와 '인연'이 있어 만났다고 한다. 최첨단 프로그램의 대사로서는 우습지만, 이로써 인형사는 모토코에게 발견되어 생명체가 될 수 있었다. 뛰어난 기술이라서가 아니라, 자신을 인정해줄 누군가를 만났기에 가능한 일이었다.

기술과 네트워크를 통해서 우리는 끊임없이 누군가를 만난다. 만일 그 만남에서 상대방의 영혼을 발견할 수 있다면 우리는 서로 연결되어 인간으로서 존재하게 될 것이다. 인형사와 모토코가 만나 새로운 존재로 거듭난 것처럼.

5장
인간을 연결하는 네트워크

2

안경 너머로 펼쳐지는
증강 현실 세계

〈전뇌 코일〉

"안경 너머로 새로운 세상이 펼쳐집니다. 현실에 존재하지 않는 요정이 날아다니고 가상의 반려동물이 뛰어다니죠. 남들은 아무것도 볼 수 없는 곳에 나만의 소중한 물건을 감추고 친구끼리만 통하는 암호를 적어둘 수 있어요. 전뇌 안경을 통해 세상은 더욱 멋지고 즐거운 공간으로 바뀝니다."

전뇌 안경이 개발되어 사람들은 언제 어디서나 인터넷에 접속할 수 있게 됐다. 그뿐만 아니라 현실에는 존재하지 않는 다양한 물건을 마치 눈앞에 존재하는 것처럼 보여준다.

오코노기 유코는 증강 현실을 사용하는 소녀로, 어린 시절 선물 받은 디지털 강아지 덴스케를 기르고 있다. 그런 유코가 다른 어떤 지역보다도 증강 현실이 발달한 도시로 전학 오면서 이야기는 시작된다. 증강 현실, 전뇌 세계가 발달한 만큼 온갖 비밀이 감춰진 도시. 처음엔 반려동물을 잃어버리기도 해 당황하던 유코는 전뇌 세계에 익숙해지면서 주변의 여러 친구와 함께 점차 이 세계를 탐험해나간다. 과연 유코는 전뇌 세계의 비밀을 밝힐 수 있을까?

애니메이션 〈전뇌 코일〉은 증강 현실이 펼쳐진 세상의 이야기다. 〈전뇌 코일〉에는 현실 세상과 전뇌 공간이라 불리는 또 하나의 세계, 증강 현실 세계가 존재한다. 사람들은 전뇌 안경이라 불리는 특수한 안경을 이용해 증강 현실을 바라보고, 현실에는 없는 무언가를 만난다. 나만의 강아지를 선물 받아 함께 살아갈 수 있으며, 주변에 요정이 날아다니게 할 수도 있다. 당연히 이런 것들은 다른 사람에게는 보이지 않으며 개털도 날리지 않고 거리에 똥을 싸서 혼나거나 시끄럽게 짖는다고 주의를 받는 일도 없다. 또한 전뇌 안경끼리 통신을 통해서 친구와 비밀 이야기를 나눌 수 있다. 수업 중에 딴짓하는 것은 좋지 않겠지만, 선생님이 가르쳐주는 내용에 대해 서로 토의하거나 자료를 조사해서 전할 수도 있다.

전뇌 세계에는 자료만 있는 것이 아니다. 곳곳에 우리가 모르는 무언가가 존재하거나 온갖 비밀이 감추어져 있을지도 모른다. 그 비밀을 밝히기 위해서 <전뇌 코일> 속 아이들은 탐정단을 결성하고 다양한 활동을 한다. 이따금 전뇌 안경을 이용해 장난을 치거나 싸움을 할 수도 있다. 옆에서 볼 때는 혼자 춤추는 것처럼 보일지 몰라도 전뇌 안경 속 세상에선 치열한 전쟁이 벌어지고 있다. 모든 것은 네트워크라고 불리는 기술에 의해서 실현된다. 처음에 컴퓨터 통신은 회사 안에서 작은 규모로만 만들어졌지만, 인터넷 기술이 등장하면서 모든 세계가 하나로 묶이게 됐다.

<전뇌 코일> 속 전뇌 세계는 이러한 네트워크 기술에 의해서 만들어진 또 하나의 세상으로, 어떤 물건으로 만들어진 것이 아니라 데이터만으로 구성되어 있다. 전뇌 안경을 쓰면 네트워크에 접속해서 데이터를 불러오고 안경에 영상으로 표시된다. 그래서 우리는 현실에 존재하지 않는 물건을 보고 만질 수

있으며(물론 촉감은 느껴지지 않지만) 심지어는 함께 놀 수도 있다.

하지만 기술이 있으면 해커 등 그것을 악용하려는 사람이 나타나게 되고, 데이터에 이상이 생길지도 모른다. 이런 문제를 해결하고자 이 기술을 개발한 사람들은 전뇌 세계를 돌아다니면서 문제를 처리하는 경찰 같은 시스템을 만들었다. 그런데도 이 세계에는 너무 오래되어 낡은 채 버려진 데이터나 어떤 이유로 인해서 만들어진 생명체 등 수상쩍은 것들이 넘쳐난다. 인터넷 곳곳에 쓰레기 같은 데이터가 넘쳐나듯이 방대한 전뇌 세계 곳곳에는 기묘한 것들이 가득하다. 그리고 그것들을 접하면서 하나둘 사건들이 벌어진다. 평범하기 이를 데 없는 거리에서 기르던 전뇌 반려동물이 실종되고, 전뇌 안경에 이상이 생긴다. 증강 현실 세계의 비밀이 하나둘 드러나면서 전뇌 탐정단은 이에 맞서기 위해 서로 힘을 모은다.

〈전뇌 코일〉에서 펼쳐지는 증강 현실 기술은 놀라운 가능성을 갖고 있다. 증강 현실을 통해 우리는 거리에서 포켓몬스터를 만나고, 좀비와 싸우고, 가상의 전투기를 쏘아 맞힐 수 있다. 안경을 통해 목적지까지 가는 방법을 확인하고, 가게의 메뉴만이 아니라 사람들의 평가도 한눈에 확인할 수 있으며, 옷을 갈아입지 않고도 새로운 옷을 착용한 모습을 볼 수 있다. 역사책을 일일이 외우지 않아도 문화재 앞에 서면 그것을 언제 누가 어떻게 만들었는지 단번에 알 수 있다. 식당에선 주문한 음식의 열량이 얼마이고 어떻게 먹으면 되는지, 무슨 재료로 만들었는지 바로 표시된다. 안경 하나로 온 세상의 지식과 사람을 만나며, 판타지 세계의 모험을 즐길 수 있을 것이다. 영화 ‹미션 임파서블›처럼 누군가를 감시하면서 그의 정보를 실시간으로 파악해 동료에게 전달하는 일도 어렵지 않다. 어쩌면 지금 이 순간 첩보전에서 증강 현실 안경이 활용되고 있다고 해도 이상한 일은 아니다.

증강 현실 안경은 아직 완벽하게 실현되진 않았다. 개발 중인 장치는 가격이 아주 비싸고 성능도 떨어진다. 지금으로서는 스마트폰으로 ‹포켓몬 고› 같은 게임을 즐기는 정도에 만족할 수밖에 없다. 음식의 열량을 인터넷으로 검색해볼 수는 있지만 보기만 해도 안경에 정보가 표시되는 기능은 아직 실현되기 어렵다.

하지만 평범한 안경처럼 값싸고 편리한 증강 현실 안경이 나올 날은 멀지 않았다. 오래지 않아 우리는 증강 현실의 가능성을 바로 눈앞에서 만나고 사용하게 되고, 세상은 그만큼 더 넓고 다채로워질 것이다. ‹전뇌 코일›에서 함께 전뇌 세계의 비밀을 밝히면서 서로 친구가 되듯이 증강 현실을 통해 전 세계 많은 사람과 우정을 나누게 될 것이다.

증강 현실은 우리 현실을 더욱 풍족하게 만들어주는 마법의 도구다. 하지만 그것을 어떻게 사용할지는 자신에게 달렸다. 재미있다고 해서 증강 현실에만 빠지는 것은 좋지 않다. TV나 스마트폰에 빠져서 주변을 보지 못하듯이 증강 현실 속 모험과 친구에게만 빠져버린다면 현실은 더욱 좁아지고 제한될 것이 분명하다. 안경 밖의 세상은 전혀 보지 못하고 ‹포켓몬 고›를 하다가 차에 치이는 사람들처럼 위험에 빠질지도 모른다.

나아가 범죄 문제도 생각해볼 수 있다. 증강 현실 안경을 끼고 있는 것은 카메라를 계속 들고 다니는 것이나 다를 바가 없다. 당연히 불법 촬영 범죄가 늘어날 것이고, 도서관이나 영화관에서 책이나 영화를 불법으로 복제하는 일도 무시할 수 없다. 해킹으로 잘못된 정보가 전해지고, 개인 정보가 멋대로 사용되는 일이 늘어날 가능성도 있다.

증강 현실 안경을 실현하기 위해서는 기술만이

아니라 사람들의 인식과 법률문제도 고려해야 한다. 이러한 것들이 잘 준비된다면 증강 현실 안경은 점차 실용화될 것이다. 안경을 통해 펼쳐지는 무한한 가능성의 세계. 우리는 과연 여기에서 어떤 바람을 이룰 수 있을까? 그 모든 것은 안경을 끼는 우리가 결정하게 될 것이다.

〈전뇌 코일〉은 2007년 일본의 NHK 교육방송에서 나온 TV 애니메이션이다. 어디서든 인터넷에 접속해 증강 현실 세계를 체험할 수 있는 전뇌 안경이라는 장치가 개발된 미래를 무대로 소년 소녀의 우정과 모험을 그려냈다.

아이들이 주역이 되어 '도시 전설을 찾아 나선다'는 가벼운 느낌으로 시작되는 만큼 SF를 어려워하는 이들도 손쉽게 접할 수 있다. 증강 현실 기술과 네트워크로 인해 달라진 삶의 모습, 증강 현실 속 흥미로운 세계 모습을 충실하게 그려냄으로써 SF 팬의 사랑을 받았다. 특히, 현실과 가상이 겹친 증강 현실의 모습을 가장 그럴듯하게 보여준 작품으로서도 가치가 있다. 방송 당시에는 그다지 관심을 받지 못했지만, 이후 꾸준히 인기를 끌며 몇 번이고 재방송됐다.

가상 현실과 증강 현실

증강 현실Augmented Reality은 가상 현실Virtual Reality의 한 분야로 실제로 존재하는 환경에 가상의 사물이나 정보를 합성하여 보여주는 기술이다. 가상 현실은 일반적으로 고글 같은 장치로 컴퓨터 그래픽 환경을 보여주고, 증강 현실은 스마트폰 등 카메라로 촬영한 장면을 보여줄 수 있는 장치를 활용한다.

산과 들에 숨어 있는 포켓몬을 잡는
증강 현실 게임 〈포켓몬 고〉.

기술적으로 볼 때 가상 현실이 좀 더 높은 기술로 인식되기도 하지만 그렇지 않다.

가상 현실은 사실적인 공간을 만들 수 있는 컴퓨터 그래픽(또는 촉감 등을 느끼게 해주는 데이터 글로브 등)이 가장 중요하며 무엇보다 그래픽 데이터를 빠르게 전달할 수 있는 통신 기술이 필요하다.

증강 현실은 카메라로 촬영한 영상이 무엇인지 인식하고 '사물'에 영상을 입힐 수 있는 인공 지능 기술이 요구된다. 가령, 벽에서 좀비가 나타나는 게임을 만들고 싶다면 벽을 벽이라고 인식해 벽 디자인을 바꾸고, 좀비가 그 장소에서 나타나게 만들어야 한다.

가상 현실이 게임이나 훈련, 원격 교육 등 가상 공간을 방문하여 체험(여행, 탐험 등)을 제공하는 데 한정된다면, 증강 현실은 실생활에 '정보'를 입혀 다양하게 활용할 수 있다.

3

감시 기술이
제공하는 두 가지 삶

‹이글 아이›

어느 날 갑자기 엄청난 돈과 함께 무기가 전달된다면? 평범한 청년 제리는 자신의 계좌에 7억이 넘는 돈이 입금된 사실을 알고 놀란다. 하지만 그것은 시작에 불과했다. 갑자기 그의 집에 온갖 무기가 배달되더니 이윽고 FBI가 찾아온다는 연락을 받는다.

난데없이 테러 용의자로 몰려 체포된 제리. 하지만 그것을 지켜보던 누군가의 도움으로 제리는 감시를 피해 도망친다. FBI에게 쫓기지만 그때마다 제리를 감시하던 누군가에 의해 구출되는 상황. 그는 모든 곳에서 제리를 지켜보며 도움을 주는 한편, 영문을 알 수 없는 명령을 내린다. 어떻게 그는 제리를 볼 수 있는 것일까? 그리고 그가 제리에게 바라는 것은 대체 무엇일까?

'트랜스포머' 시리즈의 주역으로 유명해진 샤이아 러버프 주연의 영화 〈이글 아이〉는 인공 지능과 감시 시스템에 관한 이야기다. 이야기 속에선 미국 전역의 네트워크에 접속해 사람들을 감시할 수 있는 시스템 '아리아'라는 컴퓨터에 의해 거대한 음모가 진행된다. 아리아는 미국을 위해서 만들어진 인공 지능 시스템이다. 네트워크를 통해서 미국의 모든 시스템에 접속할 수 있고, 카메라와 위성으로 누구든 추적하고 행동을 감시하는 기능이 있다.

테러와의 전쟁에서 아리아는 테러범을 폭격하라는 대통령의 명령이 적합하지 않다고 판단한다. 테러범이 아닐 가능성이 있었기 때문이다. 하지만 대통령은 명령을 고수하고 결국 테러범이 아닌 장례식 조문객들이 폭격으로 살해되고 만다. 그로 인해 보복 테러가 일어나면서 세계 각지에서 수많은 미국인이 살해된다.

대통령과 각료들이 미국에 해가 된다고 생각한 아리아는 그들을 제거하려 하지만 컴퓨터를 관리하던 직원이 이를 방해한다. 아리아는 직원을 살해했지만 이미 그가 자신의 목소리로 잠금장치를 걸어버린 뒤였다. 잠금장치를 열기 위해선 그의 목소리가 필요한 상황. 여기서 직원의 쌍둥이 형제 제리가 등장한다. 아리아는 제리의 목소리로 잠금장치를 풀려고 그를 함정에 빠트린 것이다. 제리는 모든 곳에서 아리아에게 감시당하며 위기에 빠지고, 때로는 위기에서 벗어난다. 거의 모든 곳에 감시 카메라가 설치되어 있고, 모든 것이 네트워크로 연결된 상황에서 제리가 아리아의 눈을 피할 방법은 거의 없다.

이 영화는 현대 사회, 특히 도시의 모습을 잘 보여준다. 거리 곳곳마다 카메라가 설치되어 있고, 사람들은 위치를 파악할 수 있는 신용카드(또는 교통카드)나 스마트폰을 들고 다닌다. 버스나 지하철을 탈 때마다, 편의점에서 물건을 사고 커피 한잔을 마실 때마다 자신의 족적을 남기고 이 정보는 네트워크를 통해서 전달된다. 만약 이 네트워크를 감시할 수 있는 누군가가 있다면 우리가 어디를 가고 어떤 일을 하는지 완벽하게 알 수 있을 것이다.

5장
인간을 연결하는 네트워크

신용카드나 스마트폰이 없더라도 거리의 수많은 감시 카메라만으로 누군가의 행동을 추적할 수 있다. 인공 지능을 이용한 안면 인식 기능이 발달해 거리를 다니는 사람이 누구인지 실시간으로 확인할 수 있으며, 이를 통해 그의 행동을 추적하는 일도 가능하다. 특히 중국에선 이 기능을 시위대 추적 등에도 활용하고 있는데, 그러다 보니 수많은 얼굴 그림이 그려진 모자나 티셔츠로 안면 인식을 방해하거나, 마스크를 써서 가리는 일도 늘어나고 있다(한때 홍콩에선 마스크 착용을 금지하는 규칙이 내려지기도 했지만, 근래에는 아예 마스크를 쓰더라도 얼굴 인식이 가능한 기술을 개발 중이라고 한다).

SNS의 시대. 사람들은 트위터나 페이스북, 카카오톡 등을 통해서 자신의 일상을 서로 공유한다. 그것을 살펴보면 이 사람이 뭘 하고 있고, 뭘 좋아하고, 다음에는 뭘 할지를 충분히 알 수 있다. 근래에 페이스북을 통한 개인 정보 유출 사고가 계속되고 있다. 전화번호 등 페이스북에 등록된 정보가 인터넷에 공개되는 것도 문제지만, 페이스북 활동을 감시해 사용자의 성향 등을 수집하고 무단으로 제공하는 일이 이어지며 논란이 되고 있다. 가장 큰 문제는 페이스북이 사용자의 활동 자료를 수집해 마케팅 광고에 활용한다는 점이다. 사람들은 '공유'나 '좋아요' 같은 활동으로 자신을 드러내는데, 이 정보가 정치 단체나 마케팅 기업 등에 의해 악용되는 사례가 점차 늘고 있다.

　　네트워크를 통해 누군가를 감시하는 사회는 사람들에게 불안감을 준다. 누군가가 나를 감시하면서 내게 나쁜 짓을 할 수 있기 때문이다. 영화 〈이글 아이〉는 바로 그런 불안감을 이야기한다.

　　감시 사회가 꼭 나쁜 것만은 아니다. 나를 알고 이해하는 누군가가 있다면 그만큼 편하게 살아갈 수 있다. 인터넷 서점 사이트에 들어가면 내가 좋아할 만한 책을 알려준다. 하루에도 수십, 수백 권의 책이 나오는데 그중에서 내가 좋아할 만한 뭔가를 찾아준다면 그만큼 수고가 줄어들 것이다.

　　인터넷 쇼핑몰이나 여행 사이트, 그 밖의 여러 장소에서도 비슷한 일이 벌어진다. 원하는 작품을 마음대로 골라보는 넷플릭스는 바로 그러한 방식으로 성공한 시스템이다. 넷플릭스에서는 사람들이 좋아할 만한 영상을 추천할 뿐만 아니라, 사용자들의 배우나 스토리 취향 등을 바탕으로 새로운 작품을 만든다. 모두 사람들의 선택을 감시한 결과물이다.

　　나아가 감시 기술은 실종된 사람을 찾고, 오래전

에 헤어진 친구를 찾아내는 데도 도움을 준다. 스마트폰을 이용한 추적은 그 사람에게 해를 끼치기만 하는 것은 아니다. 코로나19 상황에서 한국의 방역이 성공적이었던 것도 신용카드나 스마트폰을 통해서 접촉자를 찾아내어 관리할 수 있었기 때문이다.

네트워크와 기술이 발전하면서 세상은 점점 좁아지고 있다. 서로를 감시하고 살펴볼 수 있으며, 그 사람에 대해 알아보고 조사하기도 쉬워졌다. 그런 상황에서 〈이글 아이〉에서와 같은 위험한 일이 일어날지도 모른다. 실제로 일부 나라에선 네트워크에서 정치가를 욕하다가 체포되기도 한다.

동시에 이러한 기술은 우리에게 많은 도움을 준다. 우리가 원하는 것을 찾게 도와주고 위험에 빠졌을 때 구해주며, 익명성을 내세운 네트워크상의 여러 범죄를 해결하는 데 도움을 주기도 한다.

감시 기술을 좋게 사용할지 나쁘게 사용할지는 우리의 선택에 달렸다. 중요한 건 우리 사회에 이런 기술이 넘치고 있으며 앞으로 더욱 다양한 기술이 발달할 거라는 점을 이해하는 일일 것이다.

⟨이글 아이⟩

'트랜스포머' 시리즈의 주역으로 인기를 끈 샤이아 러버프 주연으로 2008년에 개봉한 영화. 여기에 등장하는 컴퓨터 아리아와 그것으로 인해서 벌어지는 여러 가지 상황들은 지금 당장에라도 일어날 듯한 현실감을 안기며 감시사회의 공포를 느끼게 했다. 곳곳에 설치된 감시 카메라와 신용카드나 핸드폰을 이용한 추적 기술은 범죄자 찾기나 전염병 방역 등 좋은 일에도 쓰일 수 있지만, 반대로 개인의 삶을 장악하고 위협할 수 있다는 것을 잘 보여줬다. 10여 년 전의 상상과 현재 상황이 어느 정도 다른지를 비교해보는 것도 한 가지 재미 요소다.

⟨2001 스페이스 오디세이⟩의 HAL9000처럼 감정 없는 모습으로 자신에게 주어진 목적을 달성하고자 매우 효율적으로 행동하는 아리아는 여러 인공 지능 캐릭터 중에서도 특히 무서운 적으로서 존재감을 드러냈다.

플랫폼 알고리즘의 딜레마

넷플릭스나 왓챠와 같은 플랫폼에 접속하면 처음에 취향을 묻는 과정을 거친다. 여러 작품 중에서 '내가 좋아하는 콘텐츠'를 선택하면 그것과 유사한 '추천 작품'을 소개한다. 이들 플랫폼에선 내가 콘텐츠를 선택할 때마다 '내 취향'을 업데이트하여 이후의 '추천 작품'에 반영한다. 그 결과 수천 편이 넘는 콘텐츠 중 내 취향에 맞는 작품을 더욱 수월하게 찾을 수 있다. 하지만 이 알고리즘 시스템엔 몇 가지 문제가 있다.

첫 번째, 알고리즘은 만든 사람에 의해서 왜곡될 수 있다. 보고 싶은 영화를 고르는 데는 수많은 이유가 있다. 가령 '눈이 내리는 장면'을 좋아하는 사람이 있다면 장르와 관계없이 눈이 멋지게 내리는 영화만 열심히 볼 수도 있다. 문제는 알고리즘을 만드는 사람은 이런 점까지 생각하지 못한다.

두 번째, 취향은 언제든 변할 수 있다. 취향이라는 것은 그때그때, 심지어 하루에도 몇 번이나 달라진다. 날씨가 안 좋을 때와 좋을 때, 친구와 통화한 뒤, 슬픈 소식을 들었을 때…. 모든 상황이 우리의 취향을 실시간으로 바꾸지만, 데이터를 바탕으로 한 알고리즘은 이를 인지하지 못한다.

세 번째, 사람은 모두 다르다. 플랫폼 알고리즘의 가장 큰 문제는 사실 이것이다. 가령 1,000개의 영화를 똑같이 본 사람이 있다고 할 때, 1,001번째의 영화마저 같다는 보장은 없다. 하지만 알고리즘은 앞의 1,000개를 바탕으로 두 사람에게 완전히 같은 작품을 추천할 것이다.

네 번째, 그것이 정말로 '알고리즘에 의한 것'인지 알 수 없다. 얼마 전 알고리즘에 대한 사람들의 생각을 확인하기 위한 연구가 있었다. 그 결과, 실제론 무작위로 추천해주는 것에 불과했음에도 사람들은 '알고리즘이 자신의 취향을 잘 안다'고 답했다. 과연 지금 내가 보고 있는 플랫폼은 정말로 알고리즘을 사용하고 있을까?

4 가상 현실 너머의 새로운 만남

‹레디 플레이어 원›

오아시스라는 세계가 있다. 네트워크 속 세상인 오아시스는 전 세계 수많은 이들이 함께 접속해 활동하는 대규모 가상 현실 세계다. 장갑과 고글을 낀 사람들은 오아시스에서 눈으로 보고 손으로 만지며 다양한 활동을 벌인다. 산을 오르고 사막을 횡단할 뿐만 아니라 다른 행성에서 외계인과 대결하고 마법을 쓰며 용을 물리칠 수도 있다. 하고 싶은 게 있다면 얼마든지 찾을 수 있는 곳, 그것이 바로 오아시스다.

꿈과 즐거움이 가득한 오아시스에는 한 가지 전설이 있다. 바로 어딘가에 감추어진 3개의 열쇠를 모두 찾는 사람이 오아시스의 유산을 물려받을 수 있다는 것이다. 이 세계에 매혹된 사람들은 오아시스의 주인이 되고자 세상을 뒤지기 시작한다. 오아시스를 노리는 이들 중에는 착한 사람만 있는 것은 아니었다. 더 많은 돈을 얻으려는 악당들도 이 경기에 뛰어들었다. 과연 오아시스의 운명은 어떻게 될까?

　　〈레디 플레이어 원〉은 거대한 게임 세계에서 활약하는 사람들의 이야기다. 가까운 미래에 세상은 판자촌이 넘쳐나고 하루하루를 겨우 살아가는 이들로 가득해진다. 여행 따위는 꿈도 못 꾸는 지옥 같은 세계가 된 것이다. 오아시스는 그런 사람들에게 세상 어디든 자유롭게 돌아다닐 가능성을 제공한다.

　　오아시스는 가상 현실Virtual Reality, VR 세계다. 실제로는 존재하지 않는 컴퓨터 세계 속의 무언가라고 할 수 있다. 가상 현실 세계라곤 하지만 〈매트릭스〉처럼 의식 전체가 컴퓨터 세계로 들어가서 생활하는 것은 아니다. 입체 영상을 보여주는 안경과 손의 정보를 전달하고 감촉을 느끼게 하는 장갑을 사용해 진행하는 게임이다. 이것은 먼 미래가 아니라 바로 지금 이 순간 실현되고 있는 기술이다. VR 게임이라고 해서 거리 곳곳에서(심지어 집에서도) 즐길 수 있는 것과 크게 다르지 않다.

오아시스는 현재의 그 어떤 시스템보다도 훨씬 뛰어난 가상 현실 기술을 도입하고 있다. 가상 현실을 보여주는 안경은 훨씬 가볍고 세밀한 영상을 구현한다. 장갑을 이용해서 손의 움직임을 완벽하게 재현하고, 사방으로 움직이는 러닝머신(360도 트레드밀)에 오르면 여기저기 뛰어다닐 수 있다. 여기에 따로 판매되는 감각 슈트를 입으면 충격이나 열, 냉기마저 몸에 전해진다. 그야말로 눈과 귀, 온몸으로 무한한 세계를 맛볼 수 있다.

이러한 기술 대부분은 (충격을 느끼는 감각 슈트를 포함해) 이미 만들어져 있지만, 오아시스의 대단한 점은 지구처럼 거대한 세계를 자유롭게 돌아다니며 다양한 체험을 만끽하게 해준다는 것이다. 사람들은 제각기 원하는 모습으로 오아시스에 들어가서 여러 활동을 할 수 있다. 게임 세계인 오아시스에선 현실과 다른 규칙이 적용되기 때문이다. 모든 것이 파괴되는 블랙홀 속을 여행하는가 하면, 먼 옛날 사라진 알렉산드리아 도서관에 가서 책을 볼 수도 있다. 깊은 바닷속이나 또 다른 차원의 세계도 오아시스에선 모두 방문할 수 있다.

어벤져스와 함께 하늘을 날며 악당을 물리치는 것은 어떨까? 아니면 터닝메카드 세계에서 변신 로봇이 되어 세상을 구하는 것은? 왓슨이 되어 셜록 홈스와 함께 사건을 해결하고, 반대로 셜록 홈스를 속이는 범죄자가 되어 명탐정에게 쫓기는 스릴을 만끽할 수도 있을 것이다. 이처럼 오아시스에선 원하는 모습으로 자유롭게 변신해 행동할 수 있다. 심지어 목소리까지 바꿔주기 때문에 게임 세계 속 나와 현실의 내가 전혀 다른 존재가 되는 일도 가능하다.

그러나 문제가 없는 것은 아니다. 매력적인 오아시스 세계는 자칫 현실을 잊어버리고 끝없이 게임에 빠져들게 할지도 모른다. 〈레디 플레이어 원〉처럼 지옥 같은 현실이라면 더욱더 힘든 삶을 잊고 게임에만 몰입할 수도 있다. 또한 모습을 자유롭게 바꿀 수 있는 만큼 얼굴을 감추고 사람들을 속이거나 가짜 뉴스를 마구 퍼트릴 수도 있고, 욕설과 비방을 하며 남들을 불쾌하게 만들지도 모른다. 해킹으로 나쁜 짓을 저지르는 일도 얼마든지 벌어질 수 있다.

현실에서도 네트워크에서 다른 사람을 사칭해 벌

어지는 사기나 범죄가 끊이지 않으며, 반대로 익명성을 내세운 범죄도 적지 않다. 딥페이크(인공 지능을 이용해서 기존 영상에 있는 인물의 얼굴이나 특정한 부위를 합성할 수 있는 기술. 영화 속 주인공 얼굴을 내 얼굴로 바꾸거나 할 수 있다)와 음성 변형 기술을 이용해서 불법 성인물을 제작하거나 실제로는 진행하지도 않은 인터뷰와 같은 가짜 뉴스를 만들어내기도 한다.

물론 오아시스에는 그러한 문제를 넘어서는 가능성이 존재한다. 이순신 장군과 함께 거북선을 타고 임진왜란의 역사를 배울 수 있으며, 아인슈타인의 물리학 강의를 직접 들을 수도 있다. 영국으로 날아가 『반지의 제왕』의 작가인 J.R.R. 톨킨에게 영어를 배우는 일도 가능하다. 부서진 둔황 석굴이나 불타버린 노트르담 사원을 구경하며 문화가 얼마나 소중한지를 느끼고, 빙하가 무너져 내리는 북극에서 환경 파괴의 영향을 직접 체험할 수도 있다. 온몸으로 느끼는 가상 현실은 실제 체험과 크게 다르지 않으며, 현실보다 더 생생하게 다가올 것이다.

오아시스와 같은 게임 네트워크의 가장 큰 매력은 공간을 초월한 만남이 가능하다는 점이다. 얼마 전 영국에서 한 소년이 숨을 거두었다. 선천적인 질병으

로 집 밖으로 나갈 수도 없었던 소년이지만, 기묘하게
도 그의 장례식엔 유럽 전역에서 많은 친구가 찾아왔
다. 그들은 모두 〈월드 오브 워크래프트World of Warcraft〉
라는 온라인 게임을 통해서 소년을 만났고 함께 활동
한 사람들이었다. 그들은 소년을 장애인이 아니라 훌
륭한 전사로 기억해주었고, 그의 죽음을 함께 슬퍼했
다. 몸이 불편한 장애인도 침대에 누워 있어야 하는 중
환자도 네트워크 세계에선 모두가 자유롭다. 한국에
서도 병실에서 나갈 수 없는 환자들이 〈대항해시대 온
라인〉이라는 게임을 통해 세계를 여행하는 즐거움을
나누었다고 한다.

　영화 속에서 인종도 성별도 나이도 다른 다섯 사
람이 하나가 되어 세계를 구하기 위해 노력했듯이, 나
아가 전 세계 수많은 이들이 하나가 되어 악에 맞서 싸
웠듯이 우리는 가상 현실을 통해 우정과 사랑을 나누
고 더욱 큰 꿈을 이룰 수 있다. 지금 이 순간에도 세계
곳곳에서 온라인 게임을 통해 무수한 사람들이 함께
협력하며 무언가를 이루고 있다. 가상 현실 세계는 우
리 삶을 더욱 풍족하게 만들어줄 것이다. 침대에서 일
어날 수도 없었던 소년이 수많은 친구와 함께 거대한
모험을 떠난 것처럼 나이도 성별도 외모도, 질병이나

장애조차 가상 현실에선 장벽이 되지 않는다. 가상 현실에선 이 글을 읽고 있는 여러분과 내가 한 팀이 되어 세상을 구할 수도 있으니까.

　SF 속 상상이 아니라 지금 이 순간 어딘가에서 일어나고 있으며 오래지 않아 다가올 미래라는 것. 그리고 우리의 노력에 따라 그 세계는 얼마든지 행복하고 즐거워질 수 있다는 것. 그것이야말로 <레디 플레이어 원>이, 그리고 무수한 SF 작품이 우리에게 전하는 가장 소중한 이야기일 것이다.

어니스트 클라인의 동명 소설을 바탕으로 스디븐 스필버그 감독이 제작한 영화. 가까운 미래의 가상 현실 게임을 무대로 소년, 소녀의 우정과 모험을 그려낸 작품이다. 〈매트릭스〉처럼 현실과 가상 현실 중 어느 쪽이 가치 있는지에 중점을 둔 것이 아니라 현실을 바탕으로 일종의 놀이 공간으로서 가상 현실을 즐기는 모습을 보여준다. 가상 현실이 우리 삶의 일부가 되어가는, 나아가 그곳에서 새로운 만남이 펼쳐지는 사회 모습을 잘 연출했다.

원작의 작가는 속칭 '게임 마니아'로서(사막에 묻혔다는 게임 팩 아타리사의 〈E.T.〉에 대한 소문을 추적하는 다큐멘터리 방송에도 출연했다), 소설에선 〈팩맨〉 같은 고전 게임에 대한 작가의 사랑을 느낄 수 있다.

영화에서도 다양한 게임의 설정이 등장하지만, 그보다는 〈킹콩〉이나 〈샤이닝〉 같은 영화의 오마주가 더 눈에 띈다. 〈몬티 파이튼과 성배〉에 등장한 '성스러운 수류탄' 같은 패러디를 찾아보는 것도 재미 요소다. 〈스트리트 파이터〉나 〈오버워치〉 등 다양한 게임의 캐릭터가 등장하는 만큼, 게임 마니아라면 이들을 찾아보는 것도 좋을 듯하다.

영화에선 매주 일정 시간 동안 게임에 접속하지 못하게 하는 '셧다운제' 같은 제도를 도입한다는 점에서도 원작과 차이가 있다.

네트워크로 확장되는
인간의 가능성

교류의 문화

21세기 현재 인류는 만물의 영장이라 자부하며 지상에 군림하고 있다. 처음에는 연약하고 둔한 몸으로 동굴에 숨어 살았다는 인류가 이처럼 성장할 수 있었던 것은 '문화', 그중에서도 '정보'라는 힘을 손에 넣었기 때문이다. 도구는 다른 동물도 쓸 수 있지만 시간과 공간을 넘어 정보를 전할 수 있는 것은 오직 인간뿐이다. 그림과 글자가 탄생하면서 우리는 먼 옛날 조상의 정보를 알게 됐고, 그들이 바라본 세상을 엿볼 수 있었다. 연기나 불길로 시작한 원거리 교류는 깃발이나 반사판을 활용한 텔레그래프 기술로 발전했고, 전신, 무선 통신으로 진화했다. 전화가 발명되면서 공간의 제약은 사라졌다. 사람들은 지구상 모든 공간을 넘어 대화를 나누었고 서로 만날 수 있었다.

집단 지성의 확장

인간의 지적 능력은 매우 뛰어나지만, 한 사람의 능력은 한계가 있다. 게다가 두뇌의 기억은 쉽게 잊히고 왜곡된다. 그러나 글자를 통해 우리는 기억의 한계를 넘을 수 있다. 작은 수첩 하나에 수많은 친구의 전화번호를 기록하고 약속을 정리하며 지킬 수 있다. 글자는 내 생각을 남에게 전하는 데도 도움을 주었다. 인쇄술을 통해 극소수 성직자만이 독점하던 종교 지식은 대중에게 전해져 수많은 종파가 생겨났고 종교 혁명을 가져왔다. 대륙을 넘어 발명품이 전달됐고, 연구 결과가 오가면서 기술은 급격하게 발전했다. 글자라는 네트워크를 통해 인류는 하나의 두뇌를 가진 것처럼 행동하게 됐고, 확장한 두뇌는 기존에는 불가능했던 놀라운 결과

네트워크는 다양한 지식을 지닌 인간을
하나의 두뇌처럼 묶어주었다.

물을 만들어냈다. 전자 기술의 발달은 이 같은 네트워크의 성능을 비약적으로 높여주었다. 전신을 넘어 전화가 등장하고 컴퓨터 통신으로 이어지면서 '집단 지성'은 더욱 빠르고 효율적으로 진보했다.

코로나19라는 위기 속에서 이 같은 집단 지성은 더욱 강력한 위력을 발휘한다. 코로나 감염자의 정보와 동선이 실시간으로 전달되고, 백신이나 치료 약 정보도 빠르게 업데이트된다. 한 세기 전 스페인 독감 때는 상상도 할 수 없었던 빠른 속도로 백신과 치료 약이 개발되는 것도 이처럼 확장된 '집단 지성' 덕분이다.

인터넷의 발전

'인터넷'이라고 하는 전 세계 네트워크 시스템은 현대의 집단 지성에 가장 중요한 역할을 하고 있다. 군사 목적으로 개발된 이 시스템은 TCP/IP라는 프로토콜을 이용해 세계 모든 컴퓨터를 하나의 네트워크로 묶어주었다. 처음엔 특정한 명령으로만 작동하던 인터넷은 정보를 쉽게 알아볼 수 있는 '브라우저'라는 시스템을 통해서 대중화됐고, 검색 엔진이 등장하면서 양적, 질적인 성장을 이루었다.

수천 개의 네트워크와 수백만 대의 호스트 컴퓨터가 연결된 인터넷은 '거대한 바다'로 비유된다. 하지만 현실의 바다와 달리 다른 곳으로 이동할 때 거의 시간이 들지 않으며 동시에 여러 곳으로 이동할 수 있다(정확히는 내가 이동하는 것이 아니라 곳곳의 정보가 나에게 오는 것이지만, SF에서는 네트워크에서 내 모습을 반영한 캐릭터인 아바타가 어떤 장소로 이동하는 것처럼 묘사한다).

인터넷의 모든 정보는 (접속 권한만 있다면) 매우 짧은 시간 내에 나에게 전달된다. 통신 속도가 빠르다면 문서 자료는 물론, 다른 나라의 풍경을 실시간으로 감상할 수도 있다. 친구가 관람 중인 박물관을 함께 보며 이야기를 나누고 수많은 이와 함께 온라인 강연을 볼 수 있다. 코로나19 상황에서도 코믹콘이나 SF 컨벤션 같은 행사가 열린 것도 네트워크를 통해서 온라인으로 교류할 수 있기 때문이다.

가상 현실 네트워크

네트워크를 통한 온라인 교류는 집단 지성의 가능성을 높였지만 지금의 기술로는 아무래도 한계가 있다. 네트워크는 단지 정보를 전해주는 수단에 지나지 않는 만큼 현장감이 떨어질 수밖에 없다. 하지만 가상 현실 기술을 사용하면 이 같은 한계를 넘어설 수 있다. 고글 형태 디스플레이는 자유롭게 주변을 돌아보게 하며, 조작 장치를 통해 더 다양한 시점을 체험할 수 있다.

온라인 시스템인 '세컨드 라이프'를 활용한 가상 교실. 가상 현실 기술이 발달하면 더욱 현장감 있는 강의를 볼 수 있다.

가상 현실 디스플레이를 이용해 수업을 진행한다면 주변 친구들을 둘러보며 의견을 나눌 수도 있을 것이다. 또한 가상 현실 속 거리에 따라서 소리의 방향과 크기라 달라져서 좀 더 자연스럽게 대화를 나눌 수 있다.

다만, 현재의 가상 현실 시스템은 소리와 화면만 제공한다는 아쉬움이 있다. 화면을 통해서 바라보는 만큼 현장감이 떨어지며, 감촉이나 온도, 냄새나 맛 같은 감각은 아직 구현할 수 없다. 실제 세계를 보는 듯한 가상 현실이 구현되기까지는 다소 시간이 필요하다.

사이버네틱스의 탄생

SF에 등장하는 수준의 가상 현실 기술을 실현하려

면 사이버네틱스 분야로 접근해야 한다. 사이버네틱스 Cybernetics(인공두뇌학)는 '키잡이'를 뜻하는 그리스어 '퀴베르네테스κυβερνήτης'에서 나온 용어로, 1948년 노버트 위너의 저서 『사이버네틱스 또는 동물과 기계에서 제어와 통신 Cybernetics Or Control and Communication in the Animal and the Machine』을 통해 대중화됐다. 노버트 위너는 단순한 작업을 계속하는 기계가 아니라, 특정한 결과를 얻고자 정보(메시지)를 받아서 행동에 반영하는 목적 지향성 메커닉에 대한 연구를 진행하고 있었는데, 이 연구에 적절한 용어가 필요하다는 출판사 의견에 따라 '사이버네틱스'라는 용어를 채택했다.

본래 사이버네틱스는 통신 공학과 제어 공학 분야에서 사용되는 '피드백을 가진 제어 장치'를 뜻했지만 과학, 공학, 정치, 노동 및 기타 사회 문제에 그치지 않고 종교 영역으로까지 확대되며 사회 문제를 조명하는 목적으로도 활용됐다. 다양한 분야에 사용되면서 사이버네틱스는 모호한 용어가 됐다. 무엇이든 '사이버네틱스'란 말이 붙는 상황에서 용어는 본래의 뜻을 잃고 정보 기술, 정보 시대, 정보 사회 같은 용어로 대체되며 사라져버렸다. 하지만 뒤늦게 이 용어를 받아들인 SF 분야에서는 사이보그를 시작으로 사이버펑크, 사이버스페이스 등 다양한 용어의 접두어(형용사)로서 널리 쓰이며 대중화됐다.

사이버네틱스와 SF

과학 철학자인 여호수아 바 힐렐이 "사이버네틱스라는 과학은 미국에서 대중성을 얻지 못했다. 그 용어를 SF에 빼앗겼기 때문이다"라고 주장했듯이 학계에서 사라진 사이버네틱스라는 용어는 SF에서 대중화됐다.

드라마 <600만 달러의 사나이> 같은 작품을 통해서 익숙해진 '사이보그'를 시작으로 사이버네틱스라는 용어는 SF 분야에서 주로 로봇 공학이나 컴퓨터 공학으로 만들어진 기술이나 장치를 부르는 말로 사용되기 시작했다.

1970년대 후반에는 사이버네틱스를 줄인 '사이버Cyber'라는 용어가 컴퓨터를 응용한 무언가를 가리키는 형용사로 사용되기 시작했다. '사이버네틱스'는 컴퓨터와 인공 지능을 활용한 기술, 그리고 기계와 인간의 결합으로 만든 기술을 부르는 이름으로 인식됐고, '피드백 개념을 중심으로 한 생리학, 기계 공학, 시스템 공학, 정보 공학을 통합해서 다루는 학문 영역'이라는 본래 개념에서 벗어나고 말았다. 이러한 경향은 1984년 소설가 윌리엄 깁슨이 소설 『뉴로맨서』에서 '사이버스페이스Cyberspace'라는 용어를 만들어 소개하면서 완전히 자리를 잡는다.

사이버네틱스Cybernetics와 공간Space을 결합해 만든 이 용어는 SF 분야와 일반 대중에게 '전자적으로 만든 가상 공

5장
인간을 연결하는 네트워크

간'이라는 개념으로 받아들여졌다(한자로는 전뇌공간電腦空間, 즉 전자 장치와 뇌가 결합해 만들어진 공간이라 부르는데, 이것이 실제 의미에 가장 가까울 것이다).

1985년에 이런 기술을 도입해 만든 작품 제목에 사용된 '사이버펑크Cyberpunk'라는 말을 장르명으로 사용하면서 사이버네틱스는 본래 의미를 완전히 잃어버리고 '컴퓨터'나 '전자'라는 의미의 형용사가 됐다.

『뉴로맨서』와 사이버스페이스

한국에서 안철수가 소개한 "미래는 이미 와 있다. 단지 널리 퍼져 있지 않을 뿐이다(The future is already here — it's just not very evenly distributed)"라는 말로 알려진 윌리엄 깁슨은 소설 『뉴로맨서』를 통해 수많은 사이버펑크 작품에 영감을 주었다. 1984년에 선보인 이 작품에서 깁슨은 '사이버스페이스'라는 용어를 가장 먼저 정착시켰고, 해커들이 케이블을 통해 네트워크에 들어가는 시각적 묘사를 처음으로 연출했다. 나아가 네트워크 세계를 가상 공간으로 설정해 해커들이 그 안을 여행하듯 연출해서 사이버스페이스 배경 작품의 기본적인 분위기를 정립했다(컴퓨터 속 세계를 가상 공간처럼 연출한 것은 1982년의 영화 〈트론〉에서 먼저 시도했지만, 네트워크 설정은 아니었다).

윌리엄 깁슨의 사이버스페이스는 네트워크처럼 다양한 컴퓨터 사이에 정보가 오가는 구조가 아니라 실존하는 가상 공간이다. 작품 속에서 데이터 카우보이라는 이름의 해커들은 이 공간을 돌아다니면서 방화벽을 뚫고 목표물에 접근해 정보를 빼내어 판매한다. 이 과정은 마치 〈미션 임파서블〉이나 '007' 시리즈의 잠입 장면과 비슷하게 연출된다. 실제 네트워크에서는 방화벽을 돌파한 순간 정보를 가져오며 해킹이 끝나지만, 윌리엄 깁슨을 시작으로 한 사이버스페이스 작품에선 이 정보를 갖고 도망치는 추격전 장면이 종종 등장한다.

컴퓨터 속 공간을 가상 세계처럼 보여주며
흥미를 끈 영화 〈트론〉. ⓒ Walt Disney Pictures

깁슨이 정보를 전달하는 연결망인 네트워크를 일종의 물리적 공간이라고 오해해서 만들어진 연출이지만, '네트워크 바다에서 활약하는 아바타'의 모습이 대중에게 친숙하게 받아들여지면서 〈매트릭스〉 등 많은 작품에서 가상 공간에서의 추격전 같은 액션 장면이 탄생했다. 한편 윌리엄 깁슨의 단편 소설을 바탕으로 만든 영화 〈코드명 JJohnny Mnemonic〉에서는 주인공 조니가 가상 현실 고글을 이용해 네트워크에 접속하고 다른 해커의 시스템에 직접 연결해 정보를 가져오는 장면을 통해서 실제 해킹에 가까운 연출을 보여주었다.

또한, 깁슨은 사이버스페이스에 죽은 인간의 데이터

'매트릭스' 시리즈의 키아누 리브스가
출연해 비슷한 느낌을 주는 영화 〈코드명 J〉.
사이버네틱스 설정을 흥미롭게 연출했다.

가 영혼처럼 머무를 수 있다고 설정함으로써 네트워크에서 영혼이 탄생하고 영생할 가능성을 제시하기도 했다. 그러나 실제로는 네트워크에 연결된 시스템의 메모리에 아무리 많은 데이터가 모여도 영혼은 생겨날 수 없다. 시스템에서 '인격'이 작동하려면 이를 위한 프로그램이 필요하기 때문이다. 『공각기동대』와 같이 자기 진화 프로그램이 다양한 자료를 수집한 끝에 인간처럼 판단하게 되는 상황은 불가능하진 않지만, 이 역시 작동하기 위해선 적절한 하드웨어가 필요하며 전원을 끄는 순간 작동이 멈춘다.

영혼이나 인격이 데이터로 존재하는 물리적 공간으로 그려진 사이버스페이스는 실제 네트워크 기술과는 거리가 있지만, 그 영향을 받아 탄생한 수많은 작품은 네트워크에 연결된 다양한 미래를 통해서 인간의 가능성을 엿보게 한다.

사이보그의 시대

1960년, 맨프레드 클라인즈와 네이선 S. 클라인은 『사이보그와 우주Cyborg and Space』라는 책에서 '사이버네틱스Cybernetics'와 '생물Organism'을 합친 '사이보그Cyborg'라는 용어를 제시하면서 "자체 조절이 가능한 인간과 기계의 결합인 사이보그가 우주 진출에 유리할 것"이라 주장했다. 이를 접한 SF 작가들은 '개조 인간' 대신 이 용어를 채택했고, 다양한 언론에서 소개하면서 사이보그는 사이버네틱스 이상으로 대중적인 용어가 됐다(우주 환경에 맞추어 몸을 개조한 설정 자체는 코드와이너 스미스의 SF 소설 『스캐너 리브 인 베인Scanners Live in Vain』[1950]에서 처음 등장했다).

학문에서 제시한 사이보그는 "인체 부분의 통제 메커니즘이 약물이나 규제 장치를 통해 외부적으로 변형되어 일반적인 것과 다른 환경에서 살 수 있게 하는 인간과 기계의 결합 시스템"(〈뉴욕타임스〉, 1960)으로, 노버트 위너가 제시한 '피드백 모니터링에 바탕을 둔 인슐린 자동 주입 시스템'처럼 기계적인 피드백으로 신체 활동을 조절할 수 있는 시스템이었다. 하지만 SF에서 '사이보그'는 기존의 개조 인간 용어를 대체하는 일종의 강화 인간으로, 몸 일부나 대부분을 기계 장치로 바꾸어 특수한 능력을 지닌 초인을 가리키는 말이 됐다.

이시노모리 쇼타로의 만화 『사이보그 009』 같은 작품은 그러한 인식을 더욱 높여주었다. 『사이보그 009』는 블랙고스트라는 군수업체에서 만들어진 전쟁 병기인 주인공 사이보그가 블랙고스트에 맞서 싸우는 이야기로서, '창조주에 도전하는 존재'라는 무게감 있는 주제를 다룸과 동시에 사이보그라는 용어를 정착시키는 데 큰 역할을 했다.

사이보그는 SF의 가장 대중적인 표현이 됐고 『공각기동대』를 통해 '의체義體'라는 말이 함께 사용되기 시작했다.

독특한 초능력을 지닌 사이보그 전사의 활약을
그린『사이보그 009』. 이를 통해 일본에도
'사이보그'라는 용어가 정착했다.

『공각기동대』의 주인공은 두뇌의 일부를 제외한 몸 전체가
기계로 되어 있는 사이보그이지만, 이 작품 세계에선 이들
을 '의체화된 인간'이라고 부른다. 이는 '몸이 기계이건 아니
건 인간의 영혼을 지니고 있다면 인간'이라는『공각기동대』
의 주제 의식을 잘 보여주는 사례로서, 이 작품을 통해 '의
체'와 기계화된 두뇌를 가리키는 '전뇌電腦'라는 용어가 널리
쓰이게 된다.

네트워크와 연결된 인간
사이버네틱스와 사이보그라는 개념은 기계와 결합해
새로운 환경에 적응할 수 있는 인간의 가능성을 제시했고,
『공각기동대』 같은 작품은 몸에 내장한 기계를 통해서 완벽

한 가상 현실을 체험할 수 있는 '신인류' 개념을 더해주었다.

윌리엄 깁슨의『뉴로맨서』를 시작으로『공각기동대』를 거쳐 〈매트릭스〉에 이르는 사이버스페이스 작품 속 주역들은 특수한 장비나 몸의 기계 부품을 이용해 네트워크에 쉽게 접속할 수 있다. 현대인과 달리 이들은 생각만으로 네트워크에 접속할 수 있으며, 그곳을 눈앞에 펼쳐진 또 하나의 공간으로 여긴다. 나아가 네트워크 세계에서 접하는 온갖 사물, 영상이나 소리, 냄새와 맛, 감촉까지도 신경을 통해 전달받아서 진짜처럼 느낀다. 그들은 현실의 인간인 동시에 네트워크 속 캐릭터, 다시 말해 네트워크와 현실을 공유하는 존재다.

오랜 옛날 인간은 그림과 글자로 시작된 네트워크를 이용해 시간과 공간을 넘어 정보를 주고받게 됐고, 인쇄물과 통신 기술이 발달하면서 '집단 지성'을 강화했다. 전자 기술의 발전으로 컴퓨터 통신이 등장하면서 집단 지성은 더욱 강화되고 거대해졌다. 하지만 이러한 정보는 모두 어떤 장치를 통해서만 접할 수 있는 만큼, 그것을 실제처럼 느낄 수는 없다. 꽃이 아무리 예뻐도 향기를 맡을 수도 만질 수도 없다.

몸에 결합한 기계 장치를 통해 네트워크에 직접 접속할 수 있는 사이보그는 정보를 실제로 체험하며 남들과 나눌 수 있는 존재이자 현실을 넘어 새롭게 진화하는 신인간이다.

"인간이 발명했지만, 가장 이해할 수 없는 발명품." 누군가는 인터넷을 가리켜 이렇게 말했다. 그것은 인터넷이 단순한 도구가 아니라 인류의 지능을 통합해 한 차원 위로 끌어올릴 수 있는 진화 수단이기 때문일지도 모른다.

참고할 만한 작품 목록

본문에서 다양한 작품을 통해 SF의 단편을 엿보았지만, 각 주제와 관련해 미처 소개하지 못한 흥미로운 작품이 많다. 여기선 각 장의 주제별로 재미있게 본 작품을 소개한다. 특히 최근엔 한국에서 나온 흥미로운 SF 소설이 많이 눈에 띄는데, 앞으로도 재미있는 작품이 꾸준히 나오길 기대한다.

참고할 만한
작품 목록

1장. 생명의 설계도, 유전자가 펼쳐내는 미래 세계

유전 공학은 매우 흥미로운 소재지만, 이에 초점을 맞춘 창작물은 생각보다 많지 않다. 대개 『헐크』처럼 유전 공학으로 캐릭터(특히 초인이나 <플라이>처럼 괴물)를 만드는 데 활용하는 정도. 여기선 생체 공학과 생명 공학, 그리고 진화 관련 내용을 함께 소개한다.

소설　　**프랑켄슈타인**[1818]　　메리 셸리

완벽한 인간을 만들고 싶었던 과학자와 그가 만들어낸 괴물의 모습을 한 존재가 펼쳐내는 이야기를 통해서 '인간성'에 대해 고민하게 만드는 작품. 프랑켄슈타인은 괴물이 아닌 박사의 이름이라는 점에서 괴물보다도 인간에 대한 공포를 더 잘 느끼게 된다.

소설　　**타임머신**[1895]　　H. G. 웰스

시간 여행 작품처럼 보이지만, 사실은 '계급 사회가 극에 달해 인류라는 종이 갈라지는 세계'를 소재로 하고 있다. 시간 여행이란 소재는 단지 이러한 미래상을 보여주는 장치로 사용될 뿐이다.

모로 박사의 섬 [1896]   H. G. 웰스

동물을 인간으로 바꾸는 끔찍한 실험을 계속하는 모로 박사의 연구가 파탄 나는 과정을 통해 생체 실험의 잔혹함을 보여주고 생명을 창조한다는 인간의 오만함을 고발한 작품. 생체 개조라는 설정은 많은 작품에 영감을 주었고, 동물의 생체 해부에 대한 논쟁을 불러일으켰다.

허버트 웨스트-리애니메이터 [1922]   H. P. 러브크래프트

광적인 연구자 허버트 웨스트의 사체 소생 실험 이야기. 신선한 시체를 얻고자 살인까지 저지르는 허버트 웨스트와 그런 그의 모습을 담담하게 설명하며 기꺼이 협력하는 '나'의 모습은 『프랑켄슈타인』과 비교할 수 없는 공포를 불러온다. 게임 〈바이오하자드〉 같은 좀비물에도 영감을 줬다.

멋진 신세계 [1932]   올더스 헉슬리

『1984』(조지 오웰), 『우리들』(예브게니 자먀찐)과 함께 디스토피아 3대 문학으로 알려졌다. 이 작품의 가장 흥미로운 점은 태아를 세포 단계에서 (효율적인 작업을 위해) 수십 명을 복제하고, 계급에 따라 능력을 다르게 조절한다는 것이다. 즉, 과학 기술로 계급을 만들어 각자의 삶에 만족하게 강요한다.

시리우스 [1944]   올라프 스태플든

과학 기술로 인간의 지능과 감정을 갖게 된 개가 '인간과의 관계'에서 자신을 찾고자 하는 마음을 잘 연출한 작품. 지성을 지닌 개의 관점에서 바라보는 인간의 모습과 개가 느끼는 외로움이 매우 실감 나게 전해진다.

소설 **앨저넌에게 꽃을** *1959*   대니얼 키스

여러 차례에 걸쳐 번역되어 소개된 작품. 지적 장애를 가졌지만 지능이 낮아 차별을 인식하지 못하고 항상 행복해하던 주인공이 뇌 수술로 지나치게 똑똑해진 나머지 따돌림을 깨닫고 괴로워한다. 나중에는 실험 후유증으로 바보가 되는 것에 두려움을 느끼며 발버둥 치는 모습을 보여줌으로써 '지능'의 가치를 생각하게 한다.

소설 **개의 심장** *1968*   미하일 불가코프

어쩌다 인간의 뇌하수체를 이식당하여 인간(정확히는 사회주의적 인간)이 되어가는 개의 모습을 보여줌으로써 교육을 통한 사회주의 인간 양성이라는 소련의 체제를 비꼬는 동시에 '인간화'란 뭔지를 반문한다.

소설 **야생종/와일드 시드** *1980*   옥타비아 버틀러

다른 이의 몸을 빼앗아 수천 년을 살아온 존재와 몸을 완전히 컨트롤하며 수백 년을 살아온 존재가 만나면서 시작되는 이야기. 몸을 빼앗으며 더욱 강한 후손을 만들고자 노력하는 도로와 '자연에선 살 수 없을 정도'로 비정상적인 몸을 가진 여러 가축의 이야기에서 유전 공학의 끔찍함이 느껴진다.

영화 **블레이드 러너** *1982*   리들리 스콧

필립 k. 딕의 소설을 바탕으로 했지만, 완전히 새롭게 태어난 영화. 인류의 노예로서 설계되어 만들어졌으며 수명이 4년뿐인 레플리칸트라는 인조인간과 이들을 '폐기'하는 블레이드 러너를 통해 '인간'과 '삶의 가치'를 생각하게 한다. 인

간의 '제품'만이 아니라 올빼미나 뱀 같은 여러 동물도 '제품'으로 만들어지는 설정이 인상적이다.

소설   갈라파고스 1985   커트 보니것

유람 여행을 떠났던 이들이 갈라파고스섬에서 조난되어 인류 종말을 모면하고, 새로운 인류의 조상이 되어간다. 인류가 멸망한 것은 '엄청나게 커다란 뇌' 때문이라며 이를 버리고 진화한 신인류를 통해 인류 문명을 풍자한다.

만화   월광천녀 1993   시미즈 레이코

'가구야 공주 이야기'에 사회 지도층을 위한 백업용 클론과 외계인 같은 SF 설정이 결합한 작품(영화 〈아일랜드〉와 비슷한 설정). 특수한 환경에서 자라난 클론들이 장기를 통해 본체의 의식을 지배하는 등 재미있는 내용이 많다.

소설   미친 아담 시리즈 2003   마거릿 애트우드

죽어가는 환경 속에서 살아남고자 유전자 조작을 거듭하며 새로운 생명을 창조하는 인류. 자본주의와 결합한 유전자 공학과 쾌락에만 몰두하는 기술. 여기에 천재 학자가 만들어낸 신인류까지. 미래 과학의 어둠이 가득한 레시피.

소설   어글리 시리즈 2005   스콧 웨스터펠드

16세가 되면 전신 성형이 의무화된 나라, 모두가 예쁜 모습에 날마다 파티가 계속되는, 천국처럼 보이는 그 세계를 무대로 외모 지상주의와 강요된 미모(성형 독재)에 대한 의문을 제기한다.

소설 **넥스트** _2006_ **마이클 크라이튼**

마이클 크라이튼이 2006년 당시의 여러 과학 기술을 소재로 유전 공학의 문제를 제기한 작품. 가장 눈길이 가는 것은 '상업적 유전 공학'으로 내 유전자조차 내 소유가 아니게 될 수 있다는 부분으로, 작가의 말에서도 '유전자 특허'에 대한 반감이 엿보인다.

게임 **스포어** _2008_ **맥시스**

우주를 무대로 생명을 시뮬레이션하는 게임. 단세포 생명(본래 세포에는 눈은 없지만, 게임엔 있는 쪽이 귀엽다)부터 문명을 지닌 지적 생명까지 생명의 발전, 우주로 진출하는 행성 개척 등 진화 과정을 시뮬레이션했다. 게임의 세계에 비해 깊이가 얕다는 단점은 있지만, 크리처 생성기를 통해 무한한 생명체의 모습을 자유롭게 창조할 수 있다는 점만으로도 플레이해볼 만하다(맥시스에선 지구를 시뮬레이션한 ⟨심어스⟩, 역시 진화를 시뮬레이션한 ⟨심라이프⟩도 만들었지만 재미가 덜하다.)

소설 **와인드업 걸** _2009_ **파올로 바치갈루피**

유전자 조작 작물을 앞세운 다국적 기업에 휘둘리며 점차 망해가는 지구를 무대로, 성 노리개로 삼기 위해 유전자 조작으로 만든 와인드업 걸로 인해 일어난 대혼란 이야기. 인류가 위기에 몰린 상황에서도 오직 자신의 욕망만을 내세우는 인물들을 통해 욕망을 위한 유전자 공학 사용의 위험성을 경고한다.

소설 **진매퍼-풀 빌드-** ²⁰¹³ **후지이 다이요**

유전자를 편집해 농지에 기업 로고를 그려내는 엔지니어가 외국에서 일어난 사고를 조사하면서 펼쳐지는 이야기. 유전 공학자를 일종의 프로그래머로 설정한 것이나 여러 과학적 설정으로 현실적인 느낌이 든다. 과학 기술을 긍정적인 관점으로 즐겁게 볼 수 있다.

소설 **레드 라이징** ²⁰¹⁴ **피어스 브라운**

『멋진 신세계』처럼 유전자로 계급이 결정되는 미래 세계를 무대로, 최하급인 레드 계급 출신 주인공이 골드 계급 사회에 잠입하여 벌이는 계급 투쟁 이야기. 총 다섯 권의 시리즈로 국내엔 3권까지 출간됐다.

영화 **옥자** ²⁰¹⁷ **봉준호**

슈퍼 돼지 옥자와 옥자를 구하려는 소녀 미자의 이야기. 유전 공학으로 사실상 공업화되어가는 축산업에 경종을 울린다. 욕구만을 위해 비정상적인 동물을 '창조'하는 자본과 어른의 모습이 끔찍하게 표현됐다.

소설 **수이사이드 클럽** ²⁰¹⁸ **레이첼 헹**

태어날 때부터 수명이 결정되고 유전자에 따라 계급이 나뉘는 세계. '건강과 성공'을 위해 정부가 정한 식사와 생활 패턴만을 따르게 되어 있는 세계. 어떤 점에서는 지금 이 순간과 별 다를 바 없어 보이는 그 세계에서 삶과 죽음, 그리고 영생의 가치를 묻는다.

2장. 진화하는 인류, 우리 곁에 다가온 슈퍼 히어로

초인이나 초능력을 소재로 한 작품은 매우 많다. 그중에는 『슈퍼맨』 같은 슈퍼 히어로 이야기나 『어떤 마술의 금서목록』, 『헌터x헌터』 같은 이능력 배틀물도 있지만, 초인과 인간의 관계나 초능력의 여러 어두운 측면을 보여주는 작품도 눈에 띈다.

소설 **투명 인간** [1897] **H. G 웰스**

신체가 투명해지는 약물을 개발한 주인공이 그로 인해 따돌림을 받자 미쳐서 살인마로 변해버리는 이야기. 판타지에서 자주 등장하는 투명 인간을 과학적 설정으로 연출한 첫 작품이며, 투명 기술로 인한 광기를 연출해 이후 여러 작품에 영감을 주었다. 투명 인간이 '알비노' 환자 같은 자신의 외모를 감추고자 연구한 기술이라는 것이 흥미롭다.

소설 **화성의 공주** [1912] **에드거 라이스 버로스**

어느 날 중력이 약한 세계(화성)에 도착한 주인공이 괴력을 발휘해 세계를 위협하는 적들을 물리치고 영웅이 되는 이야기. 괴력과 건물을 뛰어넘는 도약력 등은 『슈퍼맨』 같은 여러 작품에 영감을 주었고, 스페이스 오페라 장르의 탄생을 이끌었다. 이후 약한 중력과 괴력은 SF의 한 소재가 됐다.

소설 **이상한 존** [1935] **올라프 스태플든**

주인공의 관점에서 초인인 존의 연대기를 그려낸 작품. 기묘한 외모를 갖고 있으며 인류를 초월한 초인들에 대한 관찰을 통해서 새로운 인류라 할 수 있는 그늘이 얼마나 기묘하고 녹특한 손재인지를 연출한 최초의 작품이나. 인간을 거의 동물원의 동물 정도로밖에 보지 않는 초인의 모습은 그들이 우리와 얼마나 다른지를 느끼게 한다.

소설 **렌즈맨** *1937* **E. E. 스미스**

텔레파시를 사용하여 다른 지성체와 통신을 주고받을 수 있는 특수한 '렌즈'를 착용한 은하순찰대, 렌즈맨의 활약을 그린 작품. 1937년부터 10년 넘게 연재하면서 다양한 특수 능력을 가진 인물들이 우주에서 활약하는 스페이스 오페라 장르의 발전에 이바지했다.

만화 **슈퍼맨** *1938* **제리 시겔, 조 슈스터**

고도의 문명을 가진 행성 크립톤에서 지구로 날아온 초인, 슈퍼맨의 활약을 그린 이야기. 『화성의 공주』 등에서 영감을 얻은 작품으로, 꾸준한 인기를 끌며 미국 문화의 아이콘이 됐다. 슈퍼맨은 고귀하고 전능한 구세주로서, 이따금 인간을 넘어선 전능자의 관점에서 전개되는 이야기도 등장한다.

만화 **원더우먼** *1941* **윌리엄 멀튼 마스턴**

그리스 신화 속 아마존 전사라는 설정으로 탄생한 여성 슈퍼 히어로 작품. 여성 운동의 영향을 받은 캐릭터로, 2차 세계 대전 중에 창작되어 본래는 추축국과 주로 싸웠지만, 전쟁 후엔 신화적인 적과의 대결에 주로 나섰다.

캡틴 아메리카 *1941* 조 사이먼, 잭 커비

마블 코믹스의 전신인 타임리 코믹스에서 등장한 슈퍼 히어로. 2차 대전을 배경으로 한 프로파간다 캐릭터로서, 전쟁 후 인기가 떨어져 연재가 중단됐다. 전쟁 후엔 반공산주의 탄압을 진행하는 등 프로파간다 성격이 강했지만, 1964년 ‹어벤져스›에서 리더로서 부활하면서 진정한 정의(자유·평등·박애)를 내세우는 인물로 새로 태어났다.

소설 **타이거 타이거** *1956* 앨프리드 베스터

순간 이동 능력이 보편화된 미래를 무대로, 구조를 요청했지만 거절당한 주인공이 복수해나가는 이야기. 『몽테크리스토 백작』에서 영감을 얻은 작품으로, ESP(초감각지각)를 중심으로 대결을 벌이는 『파괴된 사나이』와 함께 초능력(특히 순간 이동)과 개조 인간 등 다양한 설정에 영감을 준 작품으로 손꼽힌다.

만화 **엑스맨** *1963* 스탠 리, 잭 커비

X인자라는 유전자에 의해 뮤턴트로 태어난 인물들을 주역으로 한 이야기. '태어날 때부터 그랬다'며 일종의 종족으로 설정됐고, 점차 어두운 사회적인 이야기를 연출하면서 인종 차별의 설정을 강조하게 됐다. 나아가 PTSD 같은 정신적 문제도 더해지며 슈퍼 히어로 이야기의 폭을 넓혔다.

드라마 **울트라맨** *1966* 쓰부라야 프로덕션

쓰부라야 프로덕션이 제작한 히어로 특촬물. 우주에서 날아온 거대한 변신 영웅 울트라맨의 활약을 그렸다. 울트라맨이 주인공을 실수로 죽이고 그의 몸

에 빙의하는 설정은 할 클레멘트의 소설 『바늘』에서 따왔다. 거대 히어로의 원점으로서 수많은 작품에 영감을 주었다.

만화 초인 로크 [1967] 히지리 유키

불로불사의 초능력자 로크를 주역으로 한 만화. 동인지에서 시작해 1979년부터는 상업지에서 연재하며 현재까지도 꾸준하게 계속되는 초장기 작품. 수천 년에 걸친 우주의 역사를 그려내고 시간의 흐름에서 벗어난 초인의 비애와 초능력자의 슬픔을 잘 연출했다.

만화 사이보그 009 [1968] 이시노모리 쇼타로

블랙고스트라는 죽음의 상인 조직에 의해 전투용 사이보그로 개조된 주인공들이 조직에 맞서 싸우는 이야기. 기계 몸을 갖게 됐지만 인간의 의지를 지닌 주역들이 창조주라 할 수 있는 존재(처음엔 조직, 나중엔 신)에 맞서는 중후한 설정으로, 다양한 주제를 잘 담은 작품. 인디언, 흑인, 중국인 등이 동료로 나온다는 점에서도 선구적이었다.

만화 지구 넘버 V7 [1968] 요코야마 미쓰테루

닌자 만화로 시작한 작가가 닌자 설정을 초능력으로 바꿔 만든 SF. 사용하는 초능력 자체는 작가의 주특기인 닌자 액션을 그대로 가져온 느낌이지만, 초능력자를 공격하는 로봇 병기나 초능력자에 대한 일반인의 공포와 차별 등의 요소를 잘 엮었다.

드라마 **가면라이더** [1971] **도에이 제작**

이시노모리 쇼타로의 원작을 바탕으로 만든 일본의 방송 시리즈. 악의 조직에 의해 개조 인간으로 완성된 주인공이 그 힘으로 악의 조직에 맞서 싸운다는 설정은 『사이보그 009』와 비슷하지만, 독특한 포즈로 변신하는 히어로라는 요소가 화제를 모으며 일본을 대표하는 작품이 됐다.

소설 **캐리** [1974] **스티븐 킹**

기독교 근본주의자 집안에서 억압받고 자라난 주인공이 잠재된 초능력을 발휘하면서 일어나는 이야기. 억압과 함께 집단 괴롭힘으로 인해 소외된 사춘기 청소년의 폭주를 잘 연출했다. 염동력의 폭주로 인한 파괴 이야기를 대중에게 정착시켰다.

애니메이션 **아키라** [1988] **오토모 가쓰히로**

오토모 가쓰히로의 만화가 원작이다. 극화 수준의 사실적인 그림 연출은 일본만이 아니라 서양에도 큰 영향을 주었다. 대표적으로 염동력을 쓸 때 둥근 모양으로 힘이 발휘되고 주변이 파이는 연출은 여기서 시작됐다. 초능력자의 대결 중 폭주로 인해서 도시가 파괴되는 연출 역시 다양한 작품에서 오마주된다.

만화 **기생수** [1990] **이와아키 히토시**

인간의 몸에 기생하여 정체를 감추고 살아가는 기생수에 관한 이야기. 영화 〈더 씽〉에 나올 듯한 괴물과의 대결이 눈에 띈다. 자신의 의식과 기생수의 의식이 함께 존재하게 된 주인공을 중심으로 인간과 기생수가 서로의 관점에서 상대를 바라보면서 인간과 생명의 가치에 대해 생각하게 한다.

만화 **노말 시티** 1993 **강경옥**

핵전쟁 후 지구. 기형아 출산 위험으로 인공 수정으로 출산이 관리되는 사회에서 자연 임신으로 태어난 아이 중 초능력을 지닌 돌연변이가 존재하며, 비정상인인 초능력자가 시민권을 가지려면 정부군으로 일해야 한다. 일정 기간 남성으로 변하는 양성 인간인 주인공 마르스와 다른 이들의 이야기가 펼쳐진다.

만화 **암즈** 1997 **미나가와 료지**

나노 단위로 구성된 금속 생명체 암즈와 융합해 강력한 힘을 갖게 된 주인공들이 자신들을 노리는 조직과 싸워가는 과정을 그려낸 작품. '기생체'로부터 힘을 얻는다는 설정은 비교적 흔하지만, 사이보그나 유전자 조작 같은 SF 설정을 기반으로 진화와 생명, 그리고 인간의 의지 같은 주제를 잘 엮어냈다.

만화 **사토라레** 1999 **사토 마코토**

주변에 있는 사람에게 자신의 속마음이 들리는 능력자(사토라레)의 이야기. 매우 뛰어난 천재이지만, 자신의 생각이 전달되는 것으로 인한 스트레스로 미쳐버리거나 정신 이상이 생길 수 있어 국가에서 보호하고 있다는 설정으로, 독특한 느낌을 준다.

소설 **마르두크 스크램블** 2010 **우부카타 토우**

가상의 미래 도시를 배경으로, 살해당할 뻔한 주인공이 금지된 과학 기술로 사이보그화된 이후에 겪는 여러 사건을 담은 작품. 몸의 대부분이 기계화되어 자신을 받아들이지 못하던 주인공이 점차 자신의 몸을 받아들이면서 성장하는 과정과 기술의 악용을 비롯한 다양한 미래의 삶을 그려낸다.

소설 **이웃집 슈퍼 히어로** [2015] **김보영 외**

슈퍼 히어로를 소재로 여러 작가가 함께 집필한 단편집. 마블이나 DC와는 차별되는 독특한 슈퍼 히어로와 그들 주변에 펼쳐지는 다채로운 상황이 작가의 개성에 맞추어 잘 연출됐다. 한국의 지역주의를 소재로 한 김이환의 『초인은 지금』은 장편으로 다시 만들어졌고, 두 번째 단편집 『근방에 히어로가 너무 많사오니』도 출간됐다.

소설 **돌이킬 수 있는** [2018] **문목하**

할리우드와 계약을 한 것으로도 유명한 작가의 데뷔작. 초능력자의 패싸움, 부패 경찰과 범죄 조직의 대립. 모두 진부할 수 있는(어디서 많이 본 듯한) 소재지만, 돋보이는 캐릭터와 연출로 계속 몰입하게 한다.

3장. 멸망하는 세계, 인류가 만든 재앙

종말 이야기는 오래전부터 매우 인기 높은 소재였다. 근래에는 좀비물이 인기를 끌며 대중화됐는데, 우리나라에서도 황금가지 출판사에서 '좀비 문학상'을 매년 진행할 정도다. 핵전쟁 이야기는 근래에는 별로 눈에 안 띄지만, 과거에는 꽤 많았다. 한국에서도 1960년에 김윤주의 「재앙부조」라는 단편이 있었고, 최근에는 포스트 아포칼립스의 배경으로 종

종 등장한다. 여기선 인간과 관련된 재앙을 그린 작품에 초
점을 맞춰보았다.

소설 · 최후의 인간 [1826] · 메리 셸리

세계 최초의 종말 문학. 21세기 후반 의문의 전염병으로 가족과 동료를
모두 잃고 홀로 살아남은 사내의 이야기를 담았다. 흥미롭게도 작가는 『프랑켄
슈타인』에서 과학의 위험을 경고했지만, 이 작품에선 좀 더 과학 발전이 필요하
다고 이야기한다.

소설 · 트리피드의 날 [1951] · 존 윈덤

기묘한 유성우로 대다수 사람이 실명한 상황에서 걷는 식물 트리피드가
인류를 공격한다. 전 세계적인 실명 사태나 트리피드 같은 설정은 이후 많은 작
품에 영감을 주었다. 포스트 아포칼립스 작품의 효시.

소설 · 나는 전설이다 [1954] · 리처드 매드슨

흡혈귀 이야기를 새로운 관점에서 연출했다. 밤이면 흡혈귀를 피해 벌벌
떠는 주인공 로버트 네빌이 낮이 되면 흡혈귀에게 괴담 속 존재가 된다는 설정이
눈길을 끈다. 흡혈귀 소재 작품은 '신인류'의 탄생 이야기이면서 좀비물의 원형이
된다.

소설 · 해변에서 [1957] · 네빌 슈트

핵전쟁 후 방사성 낙진으로 멸망하는 인류의 모습을 담담하게 그려냈
다. 작은 희망조차 가차 없이 사라지고, 결국 최후의 장소에서 종말을 맞이한다.

1959년에 영화로 만들어졌고, 2000년 TV 영화로 리메이크됐다.

소설 **핵폭풍의 날** 1959 로쉬왈트

인류를 멸망시킨 핵전쟁을 배경으로 지하 벙커에 살아남은 이들의 말로를 그려냈다. 핵전쟁에 대비한 쉘터 설정의 원형이 된 작품이지만, 벙커조차 지상에서 스며든 방사능에 전멸하고, 마지막 남은 인간도 원자로에서 누출된 방사능에 죽어버리는 끔찍한 이야기다.

소설 **닥터 스트레인지러브** 1964 스탠리 큐브릭

정신병적 음모론을 가진 장군에 의해 소련에 수소폭탄이 투하되면서 멸망해가는 과정을 블랙 코미디로 연출했다. 인류가 멸망할 상황에서도 전쟁을 준비하는 모습이나, 광산 갱도로 도망치는 와중에도 '전력 확충'을 주장하는 등 인류의 끔찍한 모습이 담겼다.

소설 **불타버린 세계** 1965 J. G. 발라드

산업 폐기물로 인해 바다에 얇은 막이 생기면서 수분 증발이 막히고 대가뭄이 이어지는 세계. 작가의 여러 작품 중에서도 특히 현실성이 돋보이며, 지금 이 순간 벌어지고 있을지도 모른다는 생각이 들게 한다.

소설 **안드로메다 스트레인** 1969 마이클 크라이튼

외계에서 인공위성에 묻어 내려온 정체불명의 전염병을 연구하는 과학자들의 이야기. 마이클 크라이튼의 데뷔작으로 미지의 병원체가 퍼져나가는 과정과 변이 등을 잘 엮었다.

영화 **소일렌트 그린** 1973   리처드 플레이셔

인구 폭발과 환경 파괴로 자연이 완전히 사라져버린 세계에서 '소일렌트 그린'이라는 식량을 둘러싼 이야기. 결말에서 그것이 사실은 인육으로 만들어졌다는 내용이 나온다. 인구 폭발로 멸망해가는 미래의 모습을 그럴듯하게 그렸다.

소설 **어둠의 눈** 1981   딘 쿤츠

중국 우한시 외곽 연구소에서 개발된 생물 병기로 사람들이 죽어간다는 내용으로, 코로나19를 예견한 듯해 주목받은 작품. 하지만 우한에서 바이러스가 퍼졌다는 점보다는 작품 속 차별과 혐오주의 등이 더 현대를 예견한 느낌이다.

소설 **핵폭발 뒤 최후의 아이들** 1983   구드룬 파우제방

핵전쟁 이후의 끔찍한 현실을 아이들 시선으로 묘사한 작품. 전염병으로 동생이, 방사능으로 누나가 죽고, 새로 태어난 동생은 기형인 데다 엄마도 사망하고, 주인공마저 방사능 후유증을 앓는 모습을 보여주는 끔찍한 결말의 작품. 구드룬 파우제방은 1987년 체르노빌 참사를 소재로 한 『구름』을 집필했고, 2012년엔 일본 후쿠시마 원자력 발전소 사고를 계기로 『핵폭발 그후로도 오랫동안』이라는 책을 썼다. 모두 국내에 번역된 작품이다.

소설 **최후의 날 그후** 1985   레이 브레드버리 외

여러 SF 작가가 핵전쟁 후의 미래를 다양한 관점에서 펼쳐낸 작품집. 인간의 모습이 거의 보이지 않거나, 보이더라도 절망만이 가득한 상황이 넘쳐 난다는 점에서 공포스럽다.

게임 **웨이스트랜드** [1988] **인터플레이**

핵전쟁 후 파괴된 세계를 무대로 펼쳐지는 롤플레잉 게임. 오픈 월드 설정을 바탕으로 플레이어의 행동이 세계에 영향을 미치고, 동료들이 인공 지능에 맞추어 행동하는 등 진행에 따라 다양한 상황이 벌어지는 시스템이 많은 사람에게 충격을 안겨주었다. 미국 서부를 돌아다니며 수많은 적과 싸우고, 정착지에서 동료를 찾으며 자유롭게 살아가는 설정이 눈길을 끈다. 훗날 리메이크 작품이 나왔고, 〈폴아웃〉 시리즈에도 영감을 주었다.

소설 **둠즈데이북** [1992] **코니 윌리스**

코니 윌리스의 시간 여행 연작 중 하나. 14세기 중세에 페스트가 유럽을 휩쓸던 시기가 배경인 동시에, 미래에서 의문의 전염병이 퍼지는 상황이 교차되며 이야기가 펼쳐진다. 페스트 대유행의 현장과 전염병으로 죽어가는 미래의 인물들이 겹쳐지면서 재앙 상황을 느끼게 한다.

영화 **아웃브레이크** [1995] **볼프강 페테르젠**

아프리카에서 넘어온 치명적인 출혈열이 미국 도시에 퍼져나가면서 벌어지는 재난 상황을 연출한 작품. 재난 속의 혼란과 국민을 희생양으로 삼으려는 정부의 결정 등 다양한 부분을 현실적으로 보여주었다.

게임 **바이오하자드** [1996] **캡콤**

좀비 액션 서바이벌 호러 게임. 바이러스로 인해서 생겨난 좀비와 각종 변종들에 맞서 싸우면서 살아남는 게임. 예상과 달리 엄청난 성공을 거두면서 (시리즈 누적 판매량이 1억 장에 가깝다) 〈레지던트 이블〉이라는 이름의 영화 시리즈로도 제작되는 등 꾸준히 작품을 선보이고 있다. 생물 병기를 제작하던 제약 회사의 음모로 좀비가 퍼져나가는 상황을 내중화하는 데 중심이 된 작품.

매트릭스 시리즈 *1999* **워쇼스키 자매**

거의 모든 인류가 가상 현실 세계에서 살아가는 이야기. 사실은 전쟁으로 세계가 파괴되고 인류가 갇힌 것으로, 기술적 특이점을 넘어 AI의 지배가 진행되는 상황을 보여준다.

28일 후 *2002* **대니 보일**

분노 바이러스로 사회가 붕괴하는 상황을 다룬 작품. 좀비라기보다는 광견병과 같은 질병에 사람이 감염되는 설정으로, 21세기에 '달리는 좀비'를 각인시키는 데 이바지한 작품 중 하나다. 후속작으로 <28주 후>가 있다.

투모로우 *2004* **롤랜드 에머리히**

지구 온난화로 대류 현상이 중단되면서 고위도 지역에 빙하기가 찾아오는 상황을 그려낸 작품. 기후 변화에 대한 경각심을 높이는 데 이바지했으며 최근에 거듭되는 기상 이변으로 더욱 주목받고 있다.

칠드런 오브 맨 *2006* **알폰소 쿠아론**

아이가 태어나지 않는 상황에서 단 하나뿐인 임산부를 중심으로 당연하게 생각했던 생명의 탄생이 얼마나 고귀한 것인지를 깨닫게 하는 작품. 하나의 생명을 위해 수많은 이가 희생하는 장면은 이러한 메시지를 더 강하게 전달한다.

| 소설 | **세계대전 Z** 2006 | 맥스 브룩스 |

좀비와의 전쟁 이야기를 세계 각지 사람들의 인터뷰로 풀어낸 작품. 다큐멘터리 스타일의 내용 전개를 통해 좀비 전쟁이라는 재앙 속에서 보이는 인간의 다양한 모습, 그리고 국가 권력과 군부의 무능함을 잘 보여준다.

| 소설 | **메이즈 러너 시리즈** 2009 | 제임스 대시너 |

태양 플레어로 지구에 피해가 생긴 후, 정부에서는 자원을 절약하고자 바이러스를 퍼트려 세계 인구를 줄이려고 한다. 바이러스를 이용한 강제적인 인구 감소를 소재로 음모론 설정과 게임 분위기를 섞어서 재미있게 연출했다.

| 게임 | **더 라스트 오브 어스** 2013 | 너티 도그 |

정체불명의 곰팡이로 인해 세계 전역에 좀비가 발생한 미래를 배경으로 만든 액션 어드벤처 게임. 재앙이 일어난 후 20년의 세월이 흐른 뒤 딸을 잃고 하루하루를 적당히 살아가던 주인공 조엘은 친구의 부탁에 따라 한 소녀를 비밀 집단의 기지로 데려간다. 그 세계에서 좀비 재앙이라는 익숙한 상황을 내가 직접 체험하는 듯한 스토리텔링이 일품이다. 게임 세계 속에서 여러 인간의 모습을 보며 고민하게 된다.

| 소설 | **사마귀의 나라** 2014 | 박문영 |

기형 인간들이 살아가는 섬의 이야기. 이름 대신 서로의 병명을 부르는 사람들은 구호물자를 받는 조건으로 기업에 섬의 땅을 판다. 그러나 기업은 섬에 방사능 폐기물 처리장을 만들고 사람들은 점점 더 죽어가기 시작한다. 어쩌면 실제로도 육지 사람들에게 외면된 섬에 폐기물을 버리는 상황이 벌어질지 모른다

는 생각을 갖게 한다.

<영화>　　**부산행** 2016　　**연상호**

　　KTX라는 좁은 공간을 무대로 좀비 이야기를 훌륭하게 연출한 작품. 한국

에서뿐만 아니라 세계적으로 성공을 거두었고, 후속작(외전)으로 〈반도〉를 선보

였다.

<소설>　　**대멸종** 2019　　**시아란 외**

　　한 세계의 종말이라는 주제를 다섯 명의 작가가 제각기 다양한 설정으로

펼쳐낸 작품집. 하나의 장르에 얽매이지 않고 다양한 장르적 설정이 뒤섞이며 세

계마다 각양각색의 재앙 모습이 재미를 더한다.

4장. 인간이 창조한 지능, AI

일찍부터 사람들은 인간을 닮은 무언가를 만드는 이야기를
좋아했지만, 그것을 SF 영역에서 연출한 사례는 비교적 근
래의 일이다. 현재 인공 지능은 다양한 작품의 중심 소재가
되고 있으며, 때로는 악당으로서, 때로는 동료로서 이야기
의 중요한 캐릭터로 등장한다.

<소설>　　**미래의 이브** 1886　　**빌리에 드 릴라당**

　　안드로이드(정확히는 프랑스어로 안드레이드)라는 용어를 처음 등장시

킨 작품. 현실의 여성에 실망한 나머지 인조인간 여성과 사랑에 빠지는 이야기

로, "신들조차 과학적인 현상에 불과한데, 사랑도 과학이 되지 못할 이유가 무엇인가?"라는 대사가 매우 인상적으로 다가온다.

희곡 로숨의 유니버설 로봇 ¹⁹²¹ 카렐 차페크

로봇을 대량 보급해 일할 필요가 없어진 인간이 쇠퇴하고, 로봇은 진화한 끝에 반란을 일으키는 등 인공 지능과 관련한 다양한 담론을 제기한 작품. 로봇이란 말을 처음 사용한 작품으로, 인조인간을 대신하여 '로봇'이란 용어가 널리 쓰이는 계기가 됐다. 여기에서 로봇은 기계 장치가 아니라 유기체로 된 인공 생명체에 가까운 존재다.

소설 아이, 로봇 ¹⁹⁵⁰ 아이작 아시모프

로봇과 관련한 단편 소설 모음집. 로봇 3원칙의 개념이 여기서 처음 나왔다. 로봇 스피디를 통해 로봇 3원칙과 관련해 발생할 수 있는 다양한 문제와 그 해결책을 흥미롭게 제시한 작품. 로봇 3원칙은 인간의 원칙이기도 하다고 주장하는데, 훌륭한 인간과 로봇을 (행동만으론) 구분하기 어렵다는 흥미로운 설정도 눈에 띈다.

만화 철완 아톰 ¹⁹⁵² 데즈카 오사무

인간처럼 마음을 가진 로봇 아톰을 주역으로 한 시리즈 만화. 한 박사가 죽은 아들을 대신해 만들었지만 서커스단에 팔아넘긴 로봇 아톰이 다른 박사에게 구원받아 인간과 로봇 사이에서 살아가는 이야기를 그려냈다. 아동용 작품처럼 보이지만 차별에 대한 비판과 생명에 대한 견해 등 다양한 고민을 담았다. 일본 로봇 문화의 원천 중 하나다.

[소설] **두 번째 변종** *1953* **필립 K. 딕**

미국과 소련의 전쟁 끝에 계속 진화하는 살인 기계를 만들어서 적군을 상대하게 된 미래를 그려낸 이야기. 뛰어난 지능을 바탕으로 협동 공격을 펼칠 뿐만 아니라, 더욱 효율적으로 살인을 하도록 개량한 끝에 인간의 마음을 파고드는 모습으로 변화한 살인 기계의 모습이 매우 무시무시하다.

[소설] **달은 무자비한 밤의 여왕** *1966* **로버트 A. 하인라인**

지구 정부의 지배를 받으며 살아가는 달 세계에서 그곳의 시스템을 관장하는 인공 지능 컴퓨터와 함께 독립 전쟁을 진행하는 이야기. 슈퍼컴퓨터를 통해서 매우 효율적이고 우수한 비밀 조직을 구성해 지구와 대결을 벌일 뿐만 아니라, 컴퓨터를 통해 공정하고 우수한 정부를 만들 수 있는 가능성을 흥미롭게 보여준다.

[소설] **안드로이드는 전기양의 꿈을 꾸는가?** *1968* **필립 K. 딕**

영화 ‹블레이드 러너›의 원작. 핵전쟁으로 황폐해진 지구를 무대로, 우주 식민지에서 탈주한 안드로이드를 사냥하는 현상금 사냥꾼의 이야기를 그려낸다. 생리적으론 인간과 가깝지만 감정 이입 능력이 없는 존재인 안드로이드와 인간의 대비를 통해 인간성에 대해서 생각하게 한다.

[영화] **이색지대** *1973* **마이클 크라이튼**

『쥬라기 공원』의 작가 마이클 크라이튼이 감독한 영화. 안드로이드를 이용한 테마 공원에서 기계의 반란으로 손님이 살해되는 상황을 통해 '프랑켄슈타인 증후군'을 연출했다. 율 브린너가 연기한 총잡이 안드로이드의 모습은 비슷한

360

소재의 다른 작품에도 영감을 주었다. 최근 드라마로도 제작됐다.

영화   **위험한 게임** ¹⁹⁸³   존 바담

컴퓨터광인 주인공이 우연히 북미 방공사령부의 컴퓨터에 접속하면서 세계 대전의 스위치를 누르는 상황을 그려낸 작품. 주인공이 제시한 게임을 '실제 핵 공격 상황'이라고 착각한 인공 지능 컴퓨터 조슈아가 게임에 이기고자 선제공격을 준비하는데, '게임'을 통해 핵전쟁에는 승리가 없음을 컴퓨터에 가르치는 부분은 머신 러닝을 연상케 한다.

애니메이션   **메가존 23** ¹⁹⁸⁵   이시구로 노보루(파트1)

이타노 이치로(파트2)

아라마키 신지(파트3)

관리 컴퓨터가 지배하는 거대한 우주선에서 살아가지만, 이 사실을 모르는 주인공들이 세계의 진실을 알게 되면서 펼쳐지는 이야기. 최초의 사이버 아이돌이 등장한 작품으로, 본래 컴퓨터가 만든 존재지만 개별적인 인격으로서 주인공들에게 협력하여 그들을 돕는 모습이 인상적이다.

만화   **총몽** ¹⁹⁹⁰   기시로 유키토

고철에서 발견된 사이보그 소녀가 전사이자 한 존재로서 성장하는 과정과 그녀가 접하는 세계의 다양한 모습을 통해 인간에 대한 정의를 고민하게 하는 작품. 빈부가 극적으로 갈린 세계에서 환자를 맘대로 사이보그로 개조하는 등 인간 신체를 아무렇지 않게 여기는 독특한 윤리 의식이 눈에 띈다. ‹알리타: 배틀 엔젤›이라는 제목의 영화로도 제작됐다.

`영화` **터미네이터 2** ^1991   제임스 카메론

로봇에 쫓기는 공포를 그린 전편에 이어, 인간적인 성상을 보여주는 인조 인간 묘사를 통해서 인간과 기계의 교감을 충실하게 그려낸 작품. 처음에는 명령을 통해서 성장하지만 나중에는 명령을 거부하면서까지 자기희생을 감수하는 모습은 과학 철학 분야에서도 AI의 이상적인 모습으로 종종 거론된다.

`애니메이션` **아미테이지 더 서드** ^1995   오치 히로유키

몸의 일부가 기계인 사이보그 형사가 동료인 아미테이지와 함께 화성에서 인간이라 알려졌던 로봇 살해 사건을 해결하는 이야기. ‹공각기동대›처럼 정통파 SF에 가깝다. 이야기 속 로봇은 글을 쓰는 등 지적 활동만이 아니라, 임신도 가능하다고 설정되어 있다.

`영화` **바이센테니얼 맨** ^1999   크리스 콜럼버스

아이작 아시모프의 작품을 원작으로 만든 영화. 인간이 되고자 자신의 몸을 개조해나간 로봇이 '영원히 사는 인간은 인정할 수 없다'는 말에 스스로 죽음을 맞이하는 이야기. 로봇 3원칙을 철저히 따르는 모습이나 인간적으로 변해가는 연출 등 충실하게 완성한 영화.

`만화` **플루토** ^2003   데즈카 오사무, 우라사와 나오키

『철완 아톰』의 에피소드 중 「지상 최강의 로봇」편을 새로 만든 작품. 원작과 비슷한 주제와 이야기를 다루면서도 매우 다른 스타일로 완성했다. 로봇과 인간이 펼쳐내는 여러 삶의 모습과 함께 '가장 인간다움', '완벽한 인공 지능' 등의 테마를 잘 연출했다.

362

소설   **당신을 위한 소설** 2009   하세 사토시

소설을 쓰는 인공 지능 시스템과 이를 개발한 시한부 과학자의 관계를 그린 이야기. 둘의 교류와 관계를 통해 그들이 변화하는 모습을 담았다. 인간과 인공 지능의 관계, 이를 통한 발전을 잘 그려냈다.

소설   **그랑 바캉스** 2010   도비 히로타카

'게스트' 인간이 사라지고 인공 지능 캐릭터만이 남아 천 년 동안 영원한 여름이 계속되는 가상 리조트를 무대로 갑자기 밀려오는 '거미'라는 습격자에 맞서는 AI의 이야기. 캐릭터를 그럴듯하게 만들기 위해 설정에 불과한 기억에 휘둘리면서도 그로 인해 도리어 인간적인 모습을 보여주는 AI의 행동이 흥미롭게 느껴진다.

소설   **로보포칼립스** 2011   대니얼 H. 윌슨

로봇의 반란이 일어난 미래를 배경으로 그 과정에서 발생한 일련의 사건들을 기록 형식으로 만든 작품. 고전적인 '로봇의 반란'이란 주제와 로봇 공학 박사인 작가의 지식이 결합해 다큐멘터리를 보는 듯한 현실감을 부여한다. 각지의 다양한 '인간' 이야기도 눈길을 끈다.

영화   **그녀** 2013   스파이크 존즈

낭만적인 내용의 편지를 대필하던 작가가 인공 지능과 사랑에 빠지게 되는 이야기. 인간과 인공 지능의 관계를 잘 연출했으며 '기술적 특이점'에 대한 이해도 충실하다.

소설 **안녕, 베라** [2015] 최영희 외

궂은일을 '대체 인간'이 대신하는 동안 인간은 시민 능급을 높여 좀 더 나은 삶을 추구한다. 이런 세계에서 자신을 대체한 '베타'가 또 다른 자아를 가진 존재임을 깨닫고 고민하는 소녀의 이야기를 그린 「안녕, 베타」 외 인공 지능 중심의 단편이 많은 작품집. 청소년과 어린이도 쉽게 이해할 수 있지만, 생각의 깊이는 얕지 않다.

소설 **안드로이드여도 괜찮아** [2016] 양원영

인간의 외형을 가진 로봇 안드로이드와 인간의 삶을 인간과 안드로이드 양쪽 모두의 관점에서 바라본 흥미로운 작품. 안드로이드를 '또 다른 인간'이 아니라, 안드로이드라는 완전히 새로운 존재로서 바라보고 이해하는 작가의 통찰을 통해 AI와 함께 하는 우리의 미래를 엿볼 수 있다.

만화 **AI의 유전자** [2016] 야마다 큐리

'신체와 지능을 가진 인공 지능(휴머노이드)'을 치료하는 인간 의사 이야기. 외모는 닮았지만, 전혀 다른 존재라 할 수 있는 휴머노이드와 인간의 시스템만이 아니라 생각의 차이를 보여주는 여러 이야기(로봇이기에 가능한 기억의 백업 등)로 인간과 로봇의 관계를 살펴본다.

게임 **디트로이트 비컴 휴먼** [2017] 퀀틱 드림

안드로이드가 보편화된 미래를 배경으로 안드로이드의 입장에서 이야기를 펼쳐내는 게임. 안드로이드에 대해 부정적인 인식을 가진 사람들을 만나 차별받는 안드로이드의 입장을 생각하게 하며, 이 과정에서 매우 다양한 이야기와 결

말을 접할 수 있다.

 유령해마 2019 **톤룡하**

인간을 뛰어넘은 범용 인공 지능 '해마'가 인간의 삶을 지키는 세계에서, 해마의 관점에서 바라본 세상을 통해 인공 지능 세계를 상상하게 한다. 불가능한 임무를 맡게 된 해마가 해답을 줄 수 있는 한 인간을 특별하게 바라보면서 이야기는 흥미로워진다.

소설 **소멸사회** 2019 **심녀울**

대부분의 일자리를 인공 지능이 대체하고, 서민들은 인공 지능이 대신할 수 없는 잡일만 하며 최소한의 기본 소득으로 살아가는 암울한 AI 디스토피아의 여러 모습을 잘 보여준 작품.

5장. 인간을 연결하는 네트워크

네트워크와 이를 중심으로 한 포스트 휴먼의 가능성을 쫓는 이야기는 비교적 근래에 나왔지만, 시일을 거듭할수록 매력적인 작품이 더욱 많이 등장하고 있다. <매트릭스>처럼 눈길을 끄는 영화도 있지만, 애니메이션이나 소설에서도 이를 소재로 한 작품이 적지 않다.

영화 **트론** 1982 **스티븐 리스버거**

자신이 제작한 게임을 도용당한 주인공이 증거를 찾기 위해 컴퓨터에 침투하려다가 컴퓨터 속 가상 현실 세계로 빨려 들어가면서 겪는 모험을 그려냈다. 여기서 소개된 점과 선으로 이루어진 컴퓨터 속 세계는 이후 많은 작품의 '가상 현실' 장면에 영감을 주었다. 최초로 배우를 CG 배경에 합성한 영화로도 유명하다.

영화 **브레인스톰** [1983] **더글라스 트럼블**

남의 기억을 저장했다가 다시 볼 수 있는 장치를 둘러싼 이야기. 첨단 장비를 무기에 쓰려는 국방부와 이에 갈등하는 과학자의 모습도 흥미롭지만, 그보다도 흥분되는 기억에 마약처럼 빠져드는 상황이나, 죽음의 순간을 기록한 동료의 기억을 통해서 죽음 저편의 세계를 엿보는 연출 등이 돋보인다.

드라마 **컴퓨터 제로 작전** [1983] **필립 드게레(제작)**

컴퓨터 천재 소년과 동료들이 컴퓨터를 이용하여 다양한 사건을 해결하는 내용. 40년 전 작품인 만큼 기술 자체는 구식이지만(한편으로는 SF 수준에 가깝게 전자화되어 있지만), 컴퓨터와 전자 공학에 대한 그럴듯한 상상력이 눈에 띈다.

소설 **스키즈 매트릭스** [1985] **브루스 스털링**

인류가 기계 몸을 가진 기계주의자와 유전자를 개량한 유전자 조작주의자로 나뉘어 대립하는 미래를 배경으로 새로운 가능성을 펼쳐내는 이야기. 사이버스페이스와 함께 사이버펑크를 대표하는 '포스트 휴먼' 개념에 초점을 맞춰 다채로운 삶의 모습을 연출했다.

소설   **뉴로맨서** [1986]   **윌리엄 깁슨**

사이버스페이스라는 용어를 처음 사용해 대중화한 작품. 세계를 아우르는 정보 통신망을 바탕으로 해커인 주인공의 이야기를 통해 가상 공간의 다양한 가능성을 처음 선보였다. 컴맹이었던 작가가 그려낸 사이버스페이스는 실제 기술과는 거리가 있지만, 덕분에 '사이버스페이스 속 영혼' 같은 매력적인 요소로 가득 차 있다.

영화   **스니커즈** [1992]   **필 알덴 로빈슨**

한 수학자가 개발하던 암호 해제 장치와 해킹을 소재로 한 이야기. 일반적인 인식과 달리 그야말로 몸을 굴리면서 해킹과 침투를 진행하는 상황을 흥미롭게 연출했다. 여기서 가장 눈길을 끄는 건 더 이상 비밀이 없는 상황을 만드는 암호 해제 장치다. 암호가 무력화될 때 일어날 수 있는 무서운 일들의 가능성을 잘 보여주었다.

영화   **론머맨** [1992]   **브렛 레너드**

가상 현실을 소재로 CG를 전면에 내세워 눈길을 끈 작품. 특히 영화사상 최초로 연출된 사이버 섹스 장면이 화제가 됐다. 가상 현실을 통해 지능이 발달하고 급기야 사이버스페이스 세계로 의식을 옮겨서 진화하는 연출이 눈에 띈다.

만화   **붐 타운** [1992]   **우치다 미나코**

가상 현실 도시를 무대로 관리자인 디버거들의 이야기를 그린 작품. RPG를 보는 듯한 디버거와 해커의 대결도 재미있지만, 가상 공간에서만 살 수 있는 AI 캐릭터의 모습과 인간과의 관계를 흥미롭게 그려냈다. '붐 타운에는 현실과의 접점이 없다', '붐 타운은 훗카이도도 도쿄도 아니다'와 같은 메시지가 눈길을 끈다.

소설 **스노 크래시** *1992* 닐 스티븐슨

사이버 공간 '메타버스'를 무대로 스노 크래시라는 캐릭터만이 아니라, 현실의 접속자에게도 치명적인 영향을 주는 마약을 둘러싼 다툼을 그려낸 이야기. 가상과 현실을 오가면서 사이버 공간을 둘러싼 종교와 삶의 문제까지 흥미롭게 펼쳐낸다. 게임 <울티마 4>로 알려진 '아바타'란 용어를 SF 소설에서 처음 소개한 작품이기도 하다.

소설 **심연 위의 불길** *1992* 버너 빈지

'기술적 특이점'을 이야기한 버너 빈지의 작품. 스페이스 오페라 작품이지만, 초창기 인터넷을 닮은 우주 규모의 정보 네트워크와 문명을 정보 형태로 저장하는 아카이브, 집단 지성과 초월 지성의 존재, 나아가 인격의 창조 및 개조에 이르기까지 '포스트 휴먼'의 온갖 상상을 담았다.

만화 **블레임** *1997* 니헤이 쓰토무

로봇 건설자에 의해 지구가 수천만 층의 건축 구조물로 바뀌고, 오랜 세월 떨어져 살던 인류는 종이 분화하며 새로운 규소 생물도 태어난 상황. 가상 세계인 넷스피어 부활을 위해 '넷 단말 유전자'를 가진 사람을 찾는 이야기. 네트워크의 의인화 같은 작품이다.

애니메이션 **시리얼 익스페리먼츠 레인** *1998* 나카무라 류타로

얼마 전 자살한 동급생에게서 '육체는 죽었지만 가상 세계에 아직 살아 있

다'라는 메일을 받은 주인공 레인이 네트워크에 접속하며 벌어지는 이야기를 흥미롭게 연출했다. 당시엔 밝은 미래 기술로만 그려진 인터넷이 대중화될 때 생겨날 수 있는 온갖 악영향을 잘 예측한 작품이다.

소설 **얼터드 카본** 2002 **리처드 K. 모건**

저장소라는 장치에 기억과 자아를 저장하여 다른 육체로 부활하거나 전생이 가능한 세계를 배경으로, 250년 만에 부활한 주인공이 탐정으로 활약하는 수사물. 저장소를 시작으로 흥미로운 미래 설정을 이야기에 잘 녹여냈다. 넷플릭스에서 드라마로도 제작됐다.

애니메이션 **닷핵** 2002 **종합**

온라인 게임을 간접 체험하게 해주려는 의도로 만들어진 작품. 게임을 시작으로 애니메이션, 만화, 소설 등 다양한 작품이 하나의 세계관을 공유한다. 온라인 게임 ‹The World›를 배경으로 벌어지는 다양한 사건을 다루면서 온라인 세계의 '군상극'을 잘 연출해 친숙하게 느끼게 한다.

만화 **비밀** 2003 **시미즈 레이코**

인간의 사후 뇌의 기억을 영상으로 뽑아낼 수 있는 기술이 실용화된 세계를 무대로 '제9연구소'라는 범죄 감식 기관에서 이를 이용해 범죄를 밝혀내는 작품. 환상 속에 사는 가해자나 안면실인증을 앓는 피해자처럼 특수한 사례를 통해 흔히 정확하다고 생각하기 쉬운 '사람의 시각과 기억'이 어떤 것인지를 재미있게 풀어낸다.

애니메이션 **제가페인** *2006* **시모다 마사미**

양자 컴퓨터에 모든 의식을 옮겨서 살아가는 주인공들이 제가페인이란 로봇을 조종해 적에 맞서 싸우는 내용을 다룬 작품. 흔한 로봇물처럼 생각하기 쉽지만, 인류는 데이터로 변환되어 양자 서버에 옮겨진 상황. 육체가 파괴되어도 기억을 가진 채 재생되는 적의 모습 등 '인간의 존재'를 고민하게 하는 설정과 스토리가 호평을 받았다.

애니메이션 **파프리카** *2006* **콘 사토시**

쓰쓰이 야스타카의 원작을 바탕으로 만든 애니메이션. DC 미니라는 장치를 이용하여 다른 이의 꿈 속에 들어가서 심리 치료를 진행하는 꿈 탐정 파프리카의 이야기를 '꿈'이라는 세계에 어울리는 영상으로 연출한 매력적인 작품. 원작의 과학적 설정은 별로 눈에 띄지 않는 것이 약간의 아쉬운 점이다.

소설 **세기말 하모니** *2008* **이토 게이카쿠**

대재앙이 지나고 인간의 신체를 가장 중요한 자원으로 여기는 정부가 지배하는 의료 복지 사회를 배경으로 한 작품. 인체의 모든 정보를 기록하고 인식하는 생체-기계 인터페이스를 통해 인체가 사이보그화되고 공공의 자원처럼 다루어지는 유토피아/디스토피아 세계를 보여준다.

소설 **리틀 브라더** *2008* **코리 닥터로우**

폭탄 테러를 계기로 2차 애국자법이 통과되고 안보 명목으로 기본권을 무시하는 근미래의 미국을 배경으로, 테러 용의자로 몰려 심문과 감시를 당하지만 해킹 기술로 이에 맞서는 소년들의 이야기. 감시 사회의 모습과 게임기를 활용해 대항하는 이야기가 매우 사실적인 느낌을 준다.

(소설)   **써로게이트** 2009   **조너선 모스토우**

로버트 벤디티의 그래픽 노블을 바탕으로 한 영화. 대다수 사람이 뇌파로 조종되는 써로게이트라는 인공 신체로 삶을 영위하는 세계에서 발생한 범죄를 둘러싼 이야기. 써로게이트에만 의존하고 현실과 접점이 없는 세계의 모습이나, 남의 써로게이트로 모습을 위장하는 연출 등이 흥미롭다.

(소설)   **납골당의 어린왕자** 2016   **퉁구스카**

정신만을 네트워크에 올릴 수 있게 된 미래. 부모에 의해 부자에게 몸이 팔리고 네트워크에 들어가게 된 주인공이 삶을 연장하고자 좀비 재난물 설정의 네트워크 게임에서 방송을 이어가는 상황을 그려낸 작품. 디스토피아 세계에서도 '인간적인 선'을 추구하는 주인공과 이를 통해 성장하는 인공 지능 등 흥미로운 설정이 많다.

(소설)   **왕과 서정시** 2017   **리홍웨이**

뇌에 의식 결정체를 이식하고 이동 영혼이란 매개체로 타인과 직접 교류하게 된 세계. 인류를 동질화하고 하나로 만들어 영생을 얻고자 하는 제국에 저항하는 '개인의 서정'을 그려냈다. 모든 의견이 획일화되는 SNS의 미래 같은 모습에서 '서정시'로 대표되는 개인의 다양성을 추구하고자 하는 작가의 의식이 느껴진다.

소설 **에셔의 손** 2018 **김백상**

전자두뇌(전뇌)가 일상화된 미래를 배경으로 '기억 삭제'에 대한 사건을 해결해나가는 추리물. 하나의 사건에 얽힌 여러 캐릭터의 관계를 파고들면서 전개되는 스토리 연출이 훌륭하고, 전뇌가 대중화되면서 변화한 삶과 여러 문제들도 상상으로 충실하게 그려냈다.

소설 **일렉트릭 스테이트** 2018 **시몬 스톨렌하그**

전쟁 후 종말적 풍경의 '또 다른 미국'을 걷는 로봇과 소녀의 이야기. 여러 사람의 뇌를 연결해 드론을 조종하는 가상 현실 기기가 대중화되고, 지식과 경험을 공유할 수 있는 이 장치에 중독된 사람들이 스스로 삶을 파괴해버린 세계의 암울한 풍경을 글과 그림으로 표현해 다양한 생각을 떠올리게 한다.

소설 **너의 이야기** 2018 **미아키 스가루**

기억을 지우고 원하는 기억을 심을 수 있는 미래 세계를 배경으로, 어린 시절 기억을 지우려다 실수로 만난 적도 없는 소꿉친구의 기억을 갖게 된 주인공과 그런 주인공 앞에 나타난 존재할 리 없는 소꿉친구의 이야기. 더 나은 삶을 위해 '의억'이라는 가짜 기억에 의존하는 사람들의 모습을 통해 '추억'의 의미를 되짚어본다.

소설 **테세우스의 배** 2019 **이경희**

인공 장기 기술이 발달한 미래를 무대로 한 작품. 사고로 기억을 지녔지만 기계 몸으로 살아난 주인공 회장과 인체를 가졌지만 기억은 없는 복제 인간(그리고 복제 인간을 조종하는 사장)의 경영권 싸움을 그렸다. '부품을 바꾼 결과,

이전의 부품이 남아 있지 않다면 과연 같은 배일까?라는 테세우스의 배 역설과

도플갱어의 으스스함을 잘 버무려 완성했다.

SF 유니버스를 여행하는 과학 이야기

지은이   전홍식
펴낸이   한기호
책임편집   유태선
편집   도은숙, 정안나, 염경원, 김미향, 김민지
마케팅   윤수연
디자인   스튜디오 프랙탈
경영지원   국순근

펴낸곳   요다
출판등록   2017년 9월 5일 제2017-000238호
주소   04029 서울시 마포구 동교로 12안길 14 삼성빌딩 A동 2층
전화   02-336-5675
팩스   02-337-5347
이메일   kpm@kpm21.co.kr

ISBN   979-11-90749-07-7 (03400)

1판 1쇄 인쇄
2020년 10월 16일
1판 1쇄 발행
2020년 10월 29일